高等职业教育系列教材

电加工及其设备装调

郭　伟　吴振明　叶　锋　编著
宋志国　主审

机械工业出版社

本书为理实一体化教材，主要依据企业实际生产需求，以及国家职业标准和职业资格技能鉴定的要求，并结合职业院校的教学特点编写而成，加强了知识的针对性和实用性，强化了学生和技术工人实践技能的培养。

全书共分 6 章。第 1 章和第 3 章分别概述了电火花、线切割加工技术基础知识；第 2 章和第 4 章针对第 1 章和第 3 章的内容分别介绍了电火花、线切割加工各个实践环节的要点和经验，其中电火花加工设置了 5 个实训项目，线切割加工设置了 7 个实训项目；第 5 章和第 6 章主要对电加工机床的安装调试、维护保养以及常见故障的诊断进行了详解。全书以典型的电火花、线切割机床为例进行剖析，具有广泛的代表性。本书对实际操作技能做了详尽的讲解，提供了大量的企业实际生产经验，具有较强的指导性和实用性。

本书可作为高、中等职业院校模具设计与制造、数控技术、机械制造与自动化等专业的教材，也可作为中高级职业资格技能鉴定，以及电加工机床操作工、调试维修工的职业培训用书和"学徒制"教学改革用书，还可作为相关专业的工程师、技术工人的参考用书。

本书配有授课电子课件、单元设计、题库等资源，读者可登录机械工业出版社教育服务网 www.cmpedu.com 免费注册后下载，或联系编辑索取（微信：15910938545，电话：010-88379739）。

图书在版编目（CIP）数据

电加工及其设备装调/郭伟，吴振明，叶锋编著. —北京：机械工业出版社，2020.3

高等职业教育系列教材
ISBN 978-7-111-65075-1

Ⅰ. ①电… Ⅱ. ①郭… ②吴… ③叶… Ⅲ. ①电火花加工-高等职业教育-教材 Ⅳ. ①TG661

中国版本图书馆 CIP 数据核字（2020）第 044661 号

机械工业出版社（北京市百万庄大街 22 号　邮政编码 100037）
策划编辑：曹帅鹏　　责任编辑：曹帅鹏　李晓波
责任校对：张艳霞　　责任印制：常天培
北京虎彩文化传播有限公司印刷

2020 年 7 月第 1 版·第 1 次印刷
184mm×260mm · 11.25 印张 · 275 千字
0001—2000 册
标准书号：ISBN 978-7-111-65075-1
定价：45.00 元

电话服务　　　　　　　　　　网络服务
客服电话：010-88361066　　　机　工　官　网：www.cmpbook.com
　　　　　010-88379833　　　机　工　官　博：weibo.com/cmp1952
　　　　　010-68326294　　　金　书　网：www.golden-book.com
封底无防伪标均为盗版　　机工教育服务网：www.cmpedu.com

高等职业教育系列教材机电类专业编委会成员名单

主　　任　吴家礼

顾　　问　张　华　陈剑鹤

副 主 任（按姓氏笔画排序）

　　　　　　龙光涛　何用辉　宋志国　徐建俊　韩全立　覃　岭

委　　员（按姓氏笔画排序）

　　　　　　于建明　王军红　王建明　田林红　田淑珍　史新民
　　　　　　代礼前　吕　汀　任艳君　向晓汉　刘　勇　刘长国
　　　　　　刘剑昀　纪静波　李方园　李会文　李江全　李秀忠
　　　　　　李柏青　李晓宏　杨　欣　杨士伟　杨华明　吴振明
　　　　　　何　伟　陆春元　陈文杰　陈黎敏　金卫国　徐　宁
　　　　　　郭　琼　陶亦亦　曹　卓　盛定高　崔宝才　董春利
　　　　　　韩敬东

秘 书 长　胡毓坚

副秘书长　郝秀凯

出 版 说 明

《国家职业教育改革实施方案》（又称"职教 20 条"）指出：到 2022 年，职业院校教学条件基本达标，一大批普通本科高等学校向应用型转变，建设 50 所高水平高等职业学校和 150 个骨干专业（群）；建成覆盖大部分行业领域、具有国际先进水平的中国职业教育标准体系；从 2019 年开始，在职业院校、应用型本科高校启动"学历证书+若干职业技能等级证书"制度试点（即 1+X 证书制度试点）工作。在此背景下，机械工业出版社组织国内 80 余所职业院校（其中大部分院校入选"双高"计划）的院校领导和骨干教师展开专业和课程建设研讨，以适应新时代职业教育发展要求和教学需求为目标，规划并出版了"高等职业教育规划教材"系列。

该系列教材以岗位需求为导向，涵盖计算机、电子、自动化和机电等专业，由院校和企业合作开发，多由具有丰富教学经验和实践经验的"双师型"教师编写，并邀请专家审定大纲和审读书稿，致力于打造充分适应新时代职业教育教学模式、满足职业院校教学改革和专业建设需求、体现工学结合特点的精品化教材。

归纳起来，本系列教材具有以下特点：

1）充分体现规划性和系统性。系列教材由机械工业出版社发起，定期组织相关领域专家、院校领导、骨干教师和企业代表开展编委会年会和专业研讨会，在研究专业和课程建设的基础上，规划教材选题，审定教材大纲，组织人员编写，并经专家审核后出版。整个教材开发过程以质量为先，严谨高效，为建立高质量、高水平的专业教材体系奠定了基础。

2）工学结合，围绕学生职业技能设计教材内容和编写形式。基础课程教材在保持扎实理论基础的同时，增加实训、习题、知识拓展以及立体化配套资源；专业课程教材突出理论和实践相统一，注重以企业真实生产项目、典型工作任务、案例等为载体组织教学单元，采用项目导向、任务驱动等编写模式，强调实践性。

3）教材内容科学先进，教材编排展现力强。系列教材紧随技术和经济的发展而更新，及时将新知识、新技术、新工艺和新案例等引入教材；同时注重吸收最新的教学理念，并积极支持新专业的教材建设。教材编排注重图、文、表并茂，生动活泼，形式新颖；名称、名词、术语等均符合国家有关技术质量标准和规范。

4）注重立体化资源建设。系列教材针对部分课程特点，力求通过随书二维码等形式，将教学视频、仿真动画、案例拓展、习题试卷及解答等教学资源融入到教材中，使学生学习课上课下相结合，为高素质技能型人才的培养提供更多的教学手段。

由于我国高等职业教育改革和发展的速度很快，加之我们的水平和经验有限，因此在教材的编写和出版过程中难免出现疏漏。恳请使用本系列教材的师生及时向我们反馈相关信息，以利于我们今后不断提高教材的出版质量，为广大师生提供更多、更适用的教材。

机械工业出版社

前　言

本书为理实一体化教材，在常州信息职业技术学院自编教材《电加工实训教程》、苏州新火花机床有限公司自编培训用书《工模具装备调试与维修》的基础上修订增补而成。在编写过程中，以工程应用为目的，并结合目前职业院校的教学特点，从初学者的角度出发，以"够用为度，强化应用"为编写原则，以学生的实际操作技能为重点，采用"通俗、实例、实用"的编写风格，将理论知识与实践操作进行有机结合。依据"工学结合、校企共育、项目主导"的人才培养模式，按照"学中做、做中学"的教学思路组织教学内容。根据实际生产加工经验，列举了大量的实例，以达到良好的实用性。不同的专业方向可根据各自的教学目标和学时来选择具体的章节和实训项目。

全书共分6章。第1章和第3章分别概述了电火花、线切割加工技术基础知识。第2章和第4章对应第1章和第3章的内容分别介绍电火花、线切割加工各个实践环节的要点和经验，其中电火花加工设置了5个实训项目，分别为电火花机床结构认识、基本操作及安全操作规程，电火花加工电极的设计，电极的装夹与找正，工件的装夹与校正，多型腔工件的电火花加工；线切割加工设置了7个实训项目，分别为线切割机床结构认识及安全操作规程，线切割加工软件编程，工件的装夹与找正，线切割的上丝、穿丝与找正，角度样板的线切割加工，微型电机转子凹模镶件及凸模的线切割加工，慢走丝线切割机床基本操作。第5章和第6章主要对电加工机床的安装调试、机床维护保养以及常见故障的诊断进行了详解。全书以典型的电火花、线切割机床为例进行剖析，以典型零件为载体，具有广泛的代表性。本书对实际操作技能做了详尽的讲解，提供了大量的企业实际生产经验，具有较强的指导性和实用性。通过6章的学习，使学生能够掌握零件的电火花、线切割加工的技能，以及电加工设备的安装调试、维护保养、故障排查的能力，做到"懂工艺、能加工、能维护、会排故"。

本书的主要特点是依据企业实际生产需求，以及国家职业标准和职业资格技能鉴定的要求选择教学内容，遵循理论知识与实践操作相结合的原则，以典型电加工机床和企业实际加工零件为载体设计学习任务及实训项目。每个实训项目的实施都是一个独立的工作过程，这样的方式使得对每一个实训技能介绍得更全面，讲解得更透彻，使学生能够真正弄透一门技术。实训过程中，可让学生根据所学内容自行设计加工零件，并严格按照评分标准对其加工的零件评定成绩，以提高学生学习的积极主动性。

通过对机床生产企业的调研，本书对电加工设备的安装调试、设备维护保养以及常见故障的诊断进行了详细讲解，因此，可作为企业技术人员的培训用书。同时学生通过学习这些内容，拓展了就业方向。每个实训项目都有实训思考题，并且本书还精选了电切削工职业技能鉴定（中高级）理论知识和技能测试样题，并附有详细的参考答案、考核内容及评分标准，便于考核复习。

本书由常州信息职业技术学院郭伟、吴振明、叶锋编著。郭伟负责本书的策划、统稿及第3章、第4章和附录的编写，吴振明编写了第1章和第2章，叶锋编写了第5章和第6章。宋志国任主审。在编写过程中，苏州新火花机床有限公司提供了大量素材和技术支持，在此表示衷心的感谢！

由于编者学识有限，时间仓促，书中难免有疏漏之处，恳请各位读者和同仁批评指正。

编　者

目　　录

前言
第1章　电火花加工技术基础知识 ··· 1
　1.1　电火花加工的原理、条件、特点及应用 ·· 1
　　1.1.1　电火花加工的基本原理 ·· 1
　　1.1.2　电火花加工的加工条件 ·· 2
　　1.1.3　电火花加工的特点及应用 ·· 3
　1.2　极性效应与覆盖效应 ·· 4
　1.3　电火花加工的常用术语 ·· 5
　1.4　电极材料的选用 ·· 8
　1.5　工作液的种类及作用 ·· 10
　1.6　非电参数、电参数对工艺指标的影响 ·· 11
　　1.6.1　非电参数对加工速度的影响 ·· 11
　　1.6.2　非电参数对电极损耗的影响 ·· 13
　　1.6.3　电参数对加工速度的影响 ·· 15
　　1.6.4　电参数对电极损耗的影响 ·· 17
　1.7　影响加工精度及表面粗糙度的主要因素 ·· 19
　1.8　复习思考题 ·· 20
第2章　电火花加工实训 ·· 21
　2.1　实训一　电火花机床结构认识、基本操作及安全操作规程 ···················· 21
　　2.1.1　实训目的 ·· 21
　　2.1.2　实训内容 ·· 21
　　2.1.3　实训思考题 ·· 33
　2.2　实训二　电火花加工电极的设计 ·· 33
　　2.2.1　实训目的 ·· 33
　　2.2.2　实训内容 ·· 33
　　2.2.3　实训思考题 ·· 38
　2.3　实训三　电极的装夹与找正 ·· 38
　　2.3.1　实训目的 ·· 38
　　2.3.2　实训内容 ·· 38
　　2.3.3　实训思考题 ·· 42
　2.4　实训四　工件的装夹与校正 ·· 42
　　2.4.1　实训目的 ·· 42
　　2.4.2　实训内容 ·· 42
　　2.4.3　实训思考题 ·· 46

2.5 实训五 多型腔工件的电火花加工 … 46
2.5.1 实训目的 … 46
2.5.2 实训内容 … 46
2.5.3 实训思考题 … 48

第3章 线切割加工技术基础知识 … 49
3.1 线切割加工的基本原理、特点及应用 … 49
3.1.1 线切割加工的基本原理 … 49
3.1.2 线切割加工的特点 … 51
3.1.3 线切割加工的应用范围 … 52
3.2 线切割加工工艺 … 52
3.2.1 图样分析 … 52
3.2.2 工艺准备 … 53
3.3 影响线切割加工工艺指标的主要因素 … 56
3.3.1 线切割加工主要工艺指标 … 56
3.3.2 线切割加工的切割速度及其主要影响因素 … 56
3.3.3 线切割加工的加工精度及其主要影响因素 … 61
3.3.4 线切割加工表面粗糙度及其主要影响因素 … 63
3.3.5 各主要因素对加工工艺指标的综合影响 … 64
3.4 线切割加工程序编制 … 65
3.4.1 线切割加工程序的3B格式 … 65
3.4.2 国际标准的ISO格式 … 67
3.5 复习思考题 … 69

第4章 线切割加工实训 … 70
4.1 实训一 线切割机床结构认识及安全操作规程 … 70
4.1.1 实训目的 … 70
4.1.2 实训内容 … 70
4.1.3 实训思考题 … 73
4.2 实训二 线切割加工软件编程 … 74
4.2.1 实训目的 … 74
4.2.2 实训内容 … 74
4.2.3 实训思考题 … 80
4.3 实训三 工件的装夹与找正 … 81
4.3.1 实训目的 … 81
4.3.2 实训内容 … 81
4.3.3 实训思考题 … 84
4.4 实训四 线切割的上丝、穿丝与找正 … 84
4.4.1 实训目的 … 84
4.4.2 实训内容 … 84
4.4.3 实训思考题 … 88

4.5	实训五　角度样板的线切割加工	88
	4.5.1　实训目的	88
	4.5.2　实训内容	88
	4.5.3　实训思考题	94
4.6	实训六　微型电动机转子凹模镶件及凸模的线切割加工	95
	4.6.1　实训目的	95
	4.6.2　实训内容	95
	4.6.3　实训思考题	96
4.7	实训七　慢走丝线切割机床基本操作	96
	4.7.1　实训目的	96
	4.7.2　实训内容	97
	4.7.3　实训思考题	105

第5章　电加工机床的安装与调试　106

5.1　机床的机械结构与装配　106
   5.1.1　线切割机床的机械结构　106
   5.1.2　电火花机床的机械结构　116
   5.1.3　机床的机械装配　120

5.2　机床的电控系统　123
   5.2.1　线切割机床的电控系统　123
   5.2.2　电火花机床的电控系统　127

5.3　机床的精度检测　130
   5.3.1　机床几何精度检测　130
   5.3.2　机床数控精度检测　133
   5.3.3　机床工作精度检测　135

5.4　机床的安装与调试　136
   5.4.1　机床的装箱、运输、拆箱　136
   5.4.2　机床的安装　136
   5.4.3　机床的调试　138

第6章　电加工机床维护保养和常见故障的诊断与维修　140

6.1　线切割机床维护和保养　140

6.2　电火花机床维护和保养　143

6.3　机床常见故障诊断与处理　146
   6.3.1　线切割机床常见故障与处理　146
   6.3.2　电火花机床常见故障与处理　149

附录　151

附录A　电切削工职业技能鉴定（中高级）理论知识样题　151

附录B　电切削工职业技能鉴定（中高级）技能测试样题　157

附录C　电切削工职业技能鉴定（中高级）理论知识样题参考答案　163

参考文献　169

第 1 章

电火花加工技术基础知识

在日常生活中,当我们所使用的电器开关破损时,经常会出现蓝色火花并伴有"噼噼啪啪"声,时间一久开关处会出现黑点,导致开关接触不良。1870年,英国科学家普里斯特利最早发现电火花对金属有一定的腐蚀。1943年,苏联科学家拉扎连科夫妇率先对这种电蚀现象做了进一步研究,从而发现了一种新的金属加工方法——电火花加工。

电火花加工又称电蚀加工或放电加工(Electrical Discharge Machining,EDM),其加工过程与传统的机械加工完全不同。它是利用工件电极与工具电极之间的脉冲放电所产生的局部瞬间高温,将工件表面材料熔化甚至汽化,逐步蚀除工件上的多余材料,按要求改变材料的形状和尺寸的加工工艺。电火花加工实际上就是利用电蚀原理进行的仿形加工。目前世界各国统称电火花加工为放电加工,简称电加工。

1.1 电火花加工的原理、条件、特点及应用

1.1.1 电火花加工的基本原理

电火花加工的原理示意图,如图 1-1 所示。工件安装在充满工作液的工作台上,工作液在泵的作用下循环,工具电极安装在主轴端头的夹具上,主轴的垂直进给由自动进给调节系统控制。工具电极和工件之间时常保持一个很小的放电间隙,一般在 0.01~0.2mm 之间。当工件和工具电极分别与脉冲电源的正负极相接时,每个脉冲电压将在工具电极和工件之间的最小间隙处或绝缘强度最低的工作液处产生火花放电,使两极表面在瞬间高温下都被蚀除掉一小块金属,形成一个小坑。被蚀下的金属颗粒掉入工作液中冷却、凝固并被冲走。当每个脉冲结束时,工作液恢复绝缘状态。如此循环不止,加工也就连续进行,无数个小坑组成了加工表面,工具电极的形状也就被逐渐复制在了工件上。

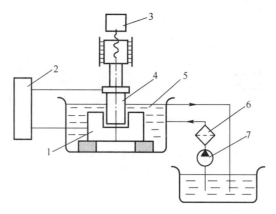

图 1-1　电火花加工原理示意图
1—工件　2—脉冲电源　3—自动进给调节系统　4—工具电极
5—工作液　6—过滤器　7—工作液泵

1.1.2　电火花加工的加工条件

要实现电火花加工，应具备如下条件。

1) 工具电极和工件电极之间必须保持合理的距离。在该距离范围内，既可以满足脉冲电压不断击穿介质，产生火花放电，又可以及时排出电火花加工时蚀除下来的产物。若两电极间距离过大，则脉冲电压不能击穿介质、不能产生火花放电；若两电极短路，则在两电极之间没有脉冲能量消耗，也不可能实现电蚀加工。

2) 两电极之间必须充入介质。在进行材料电火花尺寸加工时，两极间为液体介质（专用工作液或工业煤油）；在进行材料电火花表面强化时，两极间为气体介质。

3) 输送到两电极间的脉冲能量密度应足够大。在火花通道形成后，脉冲电压变化不大，因此，通道的电流密度可以表示通道的能量密度。能量密度足够大，才可以使被加工材料局部熔化或汽化，从而在被加工材料表面形成一个腐蚀痕（凹坑），实现电火花加工。因而，通道一般必须有 $10^5 \sim 10^6$ A/cm^2 电流密度。放电通道必须具有足够大的峰值电流，通道才可以在脉冲期间得到维持。一般情况下，维持通道的峰值电流不小于 2A。

4) 放电必须是短时间的脉冲放电。放电持续时间一般为 $10^{-7} \sim 10^{-3}$ s。由于放电时间短，使放电时产生的热能来不及在被加工材料内部扩散，从而把能量作用局限在很小的范围内，保持火花放电的冷极特性。

5) 脉冲放电需重复多次进行，并且多次脉冲放电在时间和空间上是分散的。这里包含两个方面的意义：第一，时间上相邻的两个脉冲不在同一点上形成通道；第二，若在一定时间范围内脉冲放电集中发生在某一区域，则在另一段时间内，脉冲放电应转移到另一区域。只有如此，才能避免积炭现象，进而避免发生电弧和局部烧伤的情况。

6) 脉冲放电后的电蚀产物能及时排放至放电间隙之外，使重复性放电顺利进行。在电火花加工的生产实际中，上述过程通过两个途径完成。一方面，火花放电以及电蚀过程本身具备将蚀除产物排离的固有特性，蚀除物以外的其余放电产物（如介质的汽化物）亦可以促进上述过程。另一方面，还必须利用一些人为的辅助工艺措施。例如：工作液的循环过滤；加工中采用的冲、抽油措施等。

1.1.3 电火花加工的特点及应用

1. 电火花加工的优势

与传统的金属切削加工相比,电火花加工有如下优势。

1)适合于难切削材料的加工。因为材料的蚀除是靠放电的电热作用实现的,材料的加工性能主要取决于材料的热学性能,如熔点、比热容、热导率等,而与其力学性能(硬度、韧性、抗拉强度等)几乎无关。这样,工具材料的硬度可以大大低于工件材料的硬度,进而突破了传统切削加工对刀具的限制,实现了用软的工具加工硬韧的工件,便于加工各种用机械加工方法难以加工或无法加工的材料,如淬火钢、硬质合金钢、耐热合金钢等。甚至可以加工像聚晶金刚石、立方氮化硼之类的超硬材料。目前,电极材料多采用纯铜或石墨,因此工具电极较容易加工。

2)可以加工特殊及复杂形状的零件。由于加工中工具电极和工件不直接接触,两者间的宏观作用力小,没有机械加工的切削力,因此适宜加工低刚度工件及进行微细加工,如各种小孔、深孔、窄缝零件(尺寸可以是几 μm)。由于可以简单地将工具电极的形状复制到工件上,因此特别适用于复杂形状工件的加工,如复杂模具的型腔加工等。利用不同的工具电极,可加工各种复杂形状的零件,而且数控电火花加工可以用简单形状的工具电极加工复杂形状的零件。另外,脉冲放电持续时间极短,放电时产生的热量传导扩散范围小,材料受热影响范围小,可加工热敏性材料。

3)便于实现加工过程的自动化。直接利用电能、电化学能等能量对材料进行加工,便于实现加工过程的自动控制。加工条件中起重要作用的电参数容易调节,能方便地进行粗加工、半精加工、精加工等各工序。

4)利用数控功能可显著扩大应用范围。如水平加工、锥度加工、多型腔加工、采用简单电极进行三维形面加工、利用旋转主轴进行螺旋面加工等。

5)可以提高工件的加工质量。电火花加工的工件表面微观形貌圆滑,工件的棱边和尖角处,无毛刺,无塌边。

2. 电火花加工的缺陷

电火花实际加工过程中同时也存在一定的局限性,具体如下。

1)只适合加工金属等导电材料。虽然在一定条件下也可以加工半导体和聚晶金刚石等非导体超硬材料,但目前电火花加工主要还是适用于金属等导电材料。

2)加工速度较慢,效率较低。因此通常安排工艺时多采用机械加工去除大部分余量,然后再进行电火花加工以求提高生产效率。

3)存在电极损耗。由于电火花加工靠电、热来蚀除金属,电极也会受到损耗,影响加工精度。电极损耗多集中在尖角或底面,如图 1-2 所示。最新的电火花机床产品已能将电极相对损耗比降至 0.1%,甚至更小。

4)加工过程中存在可能因操作不当而引起火灾的安全隐患。

3. 电火花加工的应用

电火花加工是与机械加工完全不同的一种加工工艺。电火花加工适应生产发展的需要,在应用中显示出很多优异的性能,因此,发展迅速并得到了日益广泛的应用。已在模具制造、航空、电子、航天、仪器、轻工等领域用来解决各种难加工材料和复杂形状零件的加工

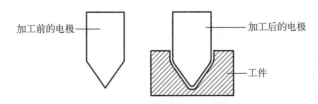

图 1-2 电火花加工存在的损耗

问题。加工范围可从几微米的孔、槽到几米的超大型模具和零件。电火花加工具体应用范围如下。

1) 加工模具。如冲模、塑料模、压铸模、花纹模等。电火花加工可在淬火后进行，免去了模具热处理变形的修正问题。多种型腔可整体加工，避免了常规机械加工方法因拼装而带来的误差。

2) 航空、航天等部门中的高温合金等难加工材料的加工。例如在喷气式发动机的涡轮叶片和一些环形件上，大约需要加工一百万个冷却小孔，因为涡轮叶片和环形件的材料为又硬又韧的耐热合金，电火花加工是合适的工艺方法。

3) 微细精密加工，通常可用于 0.01~1 mm 范围内的形孔加工。如化纤异形喷丝孔、发动机喷油嘴、电子显微镜栅孔、激光器件、人工标准缺陷的窄缝加工等。

4) 加工各种成形刀具、样板、工具、量具、螺纹等成形零件。

1.2 极性效应与覆盖效应

1. 极性效应

在电火花加工时，相同材料（如用钢电极加工钢）两电极的被腐蚀量是不同的。其中一个电极比另一个电极蚀除量大，这种现象叫作极性效应。如果两电极材料不同，则极性效应更加明显。在生产中，将工件电极接脉冲电源正极（工具电极接脉冲电源负极）的加工称为正极性加工，如图 1-3 所示。反之称为负极性加工，如图 1-4 所示。

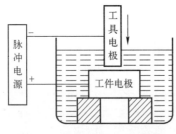 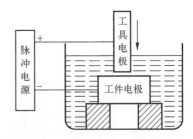

图 1-3 正极性加工接线法　　　　图 1-4 负极性加工接线法

在实际加工中，极性效应受到电极以及电极材料、加工介质、电源种类、单个脉冲能量等多种因素的影响，其中主要因素是脉冲宽度。

在电场的作用下，放电通道中的电子奔向正极，正离子奔向负极。在窄脉宽度加工时，由于电子惯性小，运动灵活，大量的电子奔向正极，并轰击正极表面，使正极表面迅速熔化和汽化；而正离子惯性大，运动缓慢，只有一小部分能够到达负极表面，而大量的正离子不能到达。所以电子的轰击作用大于正离子的轰击作用，正极的电蚀量大于负极的电蚀量，这时应采用正极性加工。在宽脉宽度加工时，因为质量和惯性都大的正离子将有足够的时间到达负极表面，由于正离子的质量大，它的轰击破坏作用要比电子大，同时到达负极的正离子又会牵制电子的运动，故负极的电蚀量大于正极的电蚀量，这时应采用负极性加工。

2. 覆盖效应

在电火花加工过程中，一个电极的电蚀产物转移到另一个电极表面上，形成一定厚度的覆盖层，这种现象叫作覆盖效应。合理利用覆盖效应，有利于降低电极损耗。

电极在加工后，其加工部位会产生一层黑色的覆盖层。在油类介质中加工时，覆盖层主要是石墨化的碳素层，其次是黏附在电极表面的金属微粒黏结层。

(1) 碳素层的生成条件

1) 要有足够高的温度。电极上待覆盖部分的表面温度不低于碳素层生成温度，但要低于熔点，以便使碳离子烧结成石墨化的耐蚀层。

2) 要有足够多的电蚀产物，尤其是介质的热解产物——碳离子。

3) 要有足够的时间，以便在电极表面上形成一定厚度的碳素层。

4) 一般采用负极性加工，因为碳素层易在阳极表面生成。

5) 必须在油类介质中加工。

(2) 影响覆盖效应的主要因素

1) 脉冲参数与波形的影响。增大脉冲放电能量有助于覆盖层的生成，但对中、精加工有相当大的局限性；减小脉冲间隔有利于在各种电规准下生成覆盖层，但若脉冲间隔过小，正常的火花放电有转变为破坏性电弧放电的危险。此外，采用某些组合脉冲波加工，有助于覆盖层的生成，其作用类似于减小脉冲间隔，并且可大大减少转变为破坏性电弧放电的危险。

2) 电极对材料的影响。铜加工钢时覆盖效应较明显，但铜电极加工硬质合金工件则不太容易生成覆盖层。

3) 工作液的影响。油类工作液在放电产生的高温作用下，生成大量的碳离子，有助于碳素层的生成。如果用水作为工作液，则不会产生碳素层。

4) 工艺条件的影响。覆盖层的形成还与间隙状态有关，如工作液不干净、电极截面面积较大、电极间隙较小、加工状态较稳定等情况均有助于生成覆盖层。若加工中冲油压力太大，则覆盖层较难生成。这是因为冲油压力大会使趋向电极表面的微粒运动加剧，进而使微粒无法黏附到电极表面上去。

在电火花加工中，覆盖层不断形成，又不断被破坏。合理利用覆盖效应，有利于降低电极损耗，但若处理不当，出现过覆盖效应，将会使电极尺寸在加工后超过了加工前的尺寸，反而破坏了加工精度。为了实现电极低损耗，达到提高加工精度的目的，最好使覆盖层的形成与破坏的程度达到动态平衡。

1.3 电火花加工的常用术语

我国电加工学会参照国际电加工界的电火花加工术语、定义和符号，制定了我国电火花加工的术语、定义和符号，以便于国内外学术交流、图书出版和教育培养等。下面介绍部分常用的术语和符号。

1. 放电间隙

放电间隙是指放电加工时，工具和工件之间产生火花放电的距离间隙。在加工过程中称之为加工间隙 S，它的大小一般在 0.01~0.5 mm 之间。粗加工时间隙较大；精加工时则较小。

2. 脉冲电源

脉冲电源是电火花加工设备的主要组成部分，它给放电间隙提供一定能量的电脉冲，是电火花加工时的能量来源，常简称为电源。

3. 伺服进给系统

伺服进给系统也是电火花加工设备的主要组成部分，它的作用是使工具电极伺服进给、自动调节，使工具电极和工件在加工过程中保持一定的平均端面放电间隙。我国早期电火花加工机床中的伺服进给系统是液压式的，靠液压缸和活塞产生进给运动，实现伺服进给。现在采用步进电动机或大力矩、宽调速直流电动机以及交流伺服电动机作为伺服进给系统。

4. 电蚀产物

电蚀产物是指电火花加工过程中被电火花蚀除下来的产物。狭义而言，指工具和工件表面被蚀除下来的金属微粒小屑和煤油等工作液在高温下分解出来的炭黑，也称为加工屑。广义而言，电蚀产物还包括煤油在高温下分解出来的氢、甲烷等气体。

5. 电规准电参数

电规准电参数是指电火花加工时选用的电加工用量和电加工参数，主要有脉冲宽度 t_i、脉冲间隔 t_o、峰值电压 u_i、峰值电流 i_e 等脉冲参数，这些脉冲参数在每次加工时必须事先选定。

6. 脉冲宽度 t_i (μs)

脉冲宽度简称脉宽，它是加到工具和工件上放电间隙两端的电压脉冲持续时间，如图 1-5 所示。为了防止电弧烧伤，电火花加工只能用断续的脉冲电压波。粗加工时，用较大的脉宽，t_i > 100 μs；精加工时，用较小的脉宽，t_i < 50 μs。

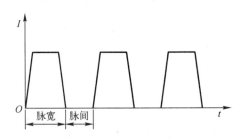

图 1-5 脉冲电流波形

7. 脉冲间隔 t_o (μs)

脉冲间隔简称脉间，也称脉冲停歇时间。它是两个电压脉冲之间的间隔时间，如图 1-5 所示。间隔时间太短，放电间隙来不及消电离和恢复绝缘，容易产生电弧，烧伤工具和工件；脉间选择得太长，将降低加工生产率。

8. 放电时间 t_e (μs)

放电时间是工作液介质击穿后放电间隙中流过放电电流的时间，又称电流脉宽，它比脉宽稍小，两者相差一个击穿延时 t_d。t_i 和 t_e 对电火花加工的生产效率、表面粗糙度和电极损耗程度等有很大的影响，实际起作用的是电流脉宽 t_e。

9. 击穿延时 t_d (μs)

从放电间隙两端加上脉冲电压后，一般均要经过一小段的延续时间，工作液介质才能被击穿放电，此时间称为击穿延时，它与平均放电间隙大小有关，工具欠进给时，平均放电间隙偏大，击穿延时 t_d 就大；反之工具过进给时，平均放电间隙变小，t_d 也就小。

10. 开路电压或峰值电压 u_i (V)

开路电压是放电间隙开路时电极间的最高电压。一般晶体管方波脉冲电源的峰值电压 u_i = 80 ~ 100 V，高低压复合脉冲电源的峰值电压为 175 ~ 300 V。峰值电压高时，放电间隙大，生产率高，但成形复制精度稍差。

11. 加工电压 U (V)

加工电压（间隙平均电压）是指加工时电压表上显示的放电间隙两端的平均电压，它是多个开路电压、火花放电维持电压、短路和脉冲间隔等电压的平均值。

12. 加工电流 I (A)

加工电流是指加工时电流表上显示的流过放电间隙的平均电流。精加工时电流小，粗加工时电流大；放电间隙偏开路时电流小，放电间隙合理或偏短路时则电流大。

13. 峰值电流 i_e (A)

峰值电流是指放电间隙火花放电时脉冲电流的最大值（瞬时）。虽然峰值电流不易直接测量，但它是影响生产率、表面粗糙度等指标的重要参数。脉冲电源的每一功率放大管的峰值电流是预先选择和计算好的，可按说明书选定粗、中、精峰值电流（实际上是选定几个功率放大管进行工作）。

14. 放电状态

放电状态是指电火花加工时，放电间隙内每一脉冲放电时的基本状态。一般分为 5 种放电状态，如图 1-6 所示。

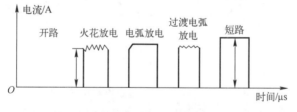

图 1-6 5 种放电状态

1）开路：放电间隙没有被击穿，放电间隙上有大于 50 V 的电压，但放电间隙内没有电流流过，为空载状态。

2）火花放电：放电间隙内绝缘性能良好，工作液介质击穿后能有效地抛出、蚀除金属。波形特点是有击穿延时，放电时间和峰值电流，波形上有高频振荡的小锯齿波形。

3）电弧放电：由于排屑不良，放电点集中在某一局部而不分散，局部热量积累，温度升高，恶性循环，此时火花放电就成为电弧放电。由于放电点固定在某一点或某一局部，因此称之为稳定电弧，常使电极表面积炭、烧伤。波形特点是击穿延时和高频振荡的小锯齿波形基本消失。

4）过渡电弧放电：是正常火花放电与稳定电弧放电的过渡状态，是稳定电弧放电的前兆。波形特点是击穿延时很小或接近于零，仅成为一尖刺，电压电流波上的高频分量变低成为稀疏的锯齿形。

5）短路：放电间隙直接短路连接，这是由于伺服进给系统瞬时进给过多或放电间隙中有电蚀产物搭接所致。放电间隙短路时电流较大，但放电间隙两端的电压很小，没有蚀除加工的作用。

以上各种放电状态在实际加工中是交替和概率性地出现的（与加工时的电规准和进给量等有关），甚至在单次脉冲放电过程中，也可能交替出现两种以上的放电状态。

1.4 电极材料的选用

电极材料的选用直接关系到放电效果。在很大程度上，电极材料的选用是否恰当，决定了放电速度、加工精度以及表面粗糙度的最终情况。应根据不同类型产品的实际需求，有针对性地对电极材料进行选择使用。

在电火花加工过程中，电极是用来传输电脉冲，蚀除工件材料的。电极材料必须具有良好的导电性能、损耗小、加工易成形、加工稳定、效率高、材料来源丰富等特点。目前最常采用的电极材料是纯铜和石墨，如图1-7和图1-8所示。

图1-7 纯铜电极

图1-8 石墨电极

1. 电极材料的选用原则

电火花加工中，电极材料的合理选择，应考虑以下几方面的因素。

1）电极是否容易加工成形。

2) 电极的放电加工性能如何。

3) 加工精度及表面质量如何。

4) 电极材料的成本是否合理。

5) 电极的重量如何。

电火花加工中,依据不同的加工要求选择不同的电极材料。如果进行高精度加工,那就要降低电极材料成本的要求;如果进行高速加工,那就要降低加工精度的要求。

2. 电极材料的选择方案

即使是同一工件的加工,不同加工部位的精度要求都是不一样的。在保证加工精度的前提下,选择电极材料应以提高加工效率为目的。高精度的加工,可选用纯铜作为粗加工电极材料,选用铜钨合金作为精加工电极材料;较高精度的加工,粗精加工均可选用纯铜材料的电极;一般的加工可用石墨作为粗加工电极材料,精加工选用纯铜材料或者石墨材料;精度要求不高的情况下,粗精加工均选用石墨材料的电极,此方案还充分利用了石墨电极加工速度快的特点。

表 1-1 所示为纯铜电极和石墨电极材料的性能特点;表 1-2 所示为其他电极材料的性能特点。

表 1-1 纯铜电极和石墨电极材料的性能特点

电极材料	特 点
纯铜	纯铜是玫瑰红色的金属,表面形成氧化铜膜后呈紫色,故工业纯铜又称为紫铜或电解铜。密度为 $8\sim9\,g/cm^3$,熔点为 1083℃ 优点 ① 加工过程中稳定性好、生产效率高 ② 精加工时比石墨电极损耗小 ③ 易加工精密、微细的花纹。采用精密加工时,能达到优于 $Ra1.25\,\mu m$ 的表面粗糙度 ④ 适宜作为电火花成形加工的精加工电极,可作为镜面加工用电极 缺点 ① 因其韧性大,故机械加工性能差、磨削加工困难 ② 因材料熔点低,故通常不能承受较大的电流密度,否则电极表面易龟裂,且电极材料易损耗 ③ 热膨胀系数大,用作大型电极时,因其整体受热不均匀而引起热变形严重。电极尺寸越大,热变形也越大,影响放电加工的稳定性和工件加工的质量;在加工深窄筋位部分时,局部高温很容易导致电极变形
石墨	石墨的熔点为 3650℃,高温条件下不软化,密度为 $2.09\sim2.23\,g/cm^3$。目前石墨电极的生产厂家对石墨电极的分类方法有所不同,主要依据的指标有肖氏硬度及强度、密度、电阻率、晶粒尺寸等。根据石墨的晶粒尺寸、肖氏硬度及强度等指标的不同,分别用于粗加工、半精加工、精加工、精细加工、超精细加工和精密加工。 优点 ① 加工稳定性能好,生产效率高,在大电流加工时电极损耗小 ② 机械加工性能好,容易修整,切削力小,加工速度快,并且不需要额外手工去毛刺等 ③ 重量轻,密度为铜的 1/4 左右,可用于大型电极 ④ 表面处理容易,可用砂纸简单地处理纹理,使石墨电极表面粗糙度降到最低 ⑤ 耐高温,高温条件下不软化,可以高效、低耗地将放电火花的能量传送到工件上 ⑥ 热膨胀系数小,热变形小,适宜做薄电极,电火花加工时电极不易变形 ⑦ 电极可黏结,使用导电性黏结剂可将不同性质、尺寸的电极黏结在一起 缺点 ① 机械强度差,尖角处易崩裂 ② 石墨电极加工过程中粉尘大,如果这种极小粉尘被吸入人体的肺内,会对呼吸道造成伤害

表 1-2 其他常用电极材料的特点

电极材料	特　点
钢	① 来源丰富、价格便宜、具有良好的机械加工性能 ② 加工稳定性较差、电极损耗较大、生产效率也较低 ③ 多用于一般的穿孔加工
黄铜	① 在加工过程中稳定性好、生产效率高 ② 机械加工性能较好，可用仿形刨加工，也可用成形磨削加工，但其磨削性能不如钢和铸铁 ③ 电极损耗较大
铜钨合金	① 铜、钨两种材料的比例可以变动，通常钨含量在 50%~80%，切削性能好，机械性能稳定，能达到较好的表面粗糙度 ② 加工时电极损耗小 ③ 价格贵且不能锻造和铸造 ④ 用于碳化钨加工、深孔加工、细致且精密工件的加工
银钨合金	① 与铜钨合金的机械性能大致相同 ② 优点不多，仅适用于大量产银的国家

1.5　工作液的种类及作用

电火花加工一般在液体介质中进行，液体介质通常叫作工作液。电火花工作液是参与放电加工过程的重要因素，它的各种性能均会影响加工的工艺指标，应正确地选择和使用电火花工作液。

1. 电火花工作液的作用

1) 消电离。在脉冲间隔火花放电结束后，尽快恢复放电间隙的绝缘状态，以便下一个脉冲电压再次形成火花放电。

2) 排除电蚀产物。使电蚀产物较易从放电间隙中悬浮、排除出去，避免在放电间隙堆积，而导致火花放电点不分散形成有害的电弧放电。黏度、密度、表面张力越小的工作液，此项作用越强。

3) 冷却。降低工具电极和工件表面因瞬时放电产生的局部高温，否则表面会因局部过热而产生积炭、烧伤并形成电弧放电。

4) 增加蚀除量。工作液还可压缩火花放电通道，增加通道中被压缩气体、等离子体的膨胀及爆炸力，从而抛出更多熔化和汽化了的金属。

2. 对工作液的要求

要保证正常的加工，工作液应满足以下基本要求：有较高的绝缘性；有较好的流动性和渗透能力，能进入窄小的放电间隙；能冷却电极和工件表面，把电蚀产物冷凝，并扩散到放电间隙之外。此外还应对人体和设备无害，安全且价格低廉。

3. 工作液的种类

电火花加工中常用的工作液有如下几种。

1) 油类有机化合物。以煤油最常见，在大功率加工时，常用机械油或在煤油中加入一定比例的机械油。

2) 乳化液。成本低，配置简便，同时有补偿工具电极损耗的作用，且不腐蚀机床和所加工工件。

3）水。常用蒸馏水和去离子水。
4. 工作液使用要点
1）黏度要低。电极与工件之间不易产生金属或石墨颗粒对工件表面的二次放电，这样一方面能提高表面粗糙度，又能相对防止电极积炭率。

2）为提高放电的均匀稳定、加工精度及加工速度，可采用工作液混粉（如硅粉、铬粉等）的工艺方法。

3）按照工作液的使用寿命定期更换。

4）严格控制工作液的液面高度。

5）根据加工要求选择冲液、抽液方式，并合理设置工作液压力。

1.6 非电参数、电参数对工艺指标的影响

1.6.1 非电参数对加工速度的影响

电火花加工的加工速度，是指在一定的电规准下，单位时间 t 内工件被蚀除的体积 V 或质量 m。一般常用体积加工速度 $v_w = V/t$（mm^3/min）来表示，有时为了测量方便，也用质量加工速度 $v_m = m/t$（g/min）表示。

在规定的表面粗糙度、相对电极损耗下的最大加工速度是电火花机床的重要工艺性能指标。

1. 加工面积的影响

图1-9所示为加工面积和加工速度的关系图。由图可知，加工面积较大时，它对加工速度没有多大的影响；但若加工面积小到某一临界面积时，加工速度会显著降低，这种现象叫作"面积效应"。因为加工面积小，在单位面积上脉冲放电过度集中，致使放电间隙的电蚀产物排除不畅。同时会产生气体排出的现象，造成放电加工在气体介质中进行，因而大大降低了加工速度。

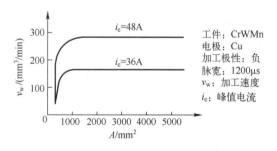

图1-9 加工面积与加工速度的关系曲线

从图1-9可看出，峰值电流不同，最小临界加工面积也不同。因此，确定具体加工对象的电参数时，首先应根据加工面积确定工作电流，并估算所需的峰值电流。

2. 排屑条件的影响

在电火花加工过程中会不断产生气体、金属屑末和炭黑等，如不及时排除，加工则很难稳定地进行。加工稳定性不好，会使脉冲利用率降低，从而降低加工速度。为便于排屑，一

一般采用冲（抽）油和"抬刀"（电极抬起）的办法。

1）冲（抽）油压力的影响。在加工中，对于较浅或易于排屑的型腔，可以不采取任何辅助排屑措施。对于较难排屑的工件，不冲（抽）油或冲（抽）油压力过小，则因排屑不良产生的二次放电的次数明显增多，从而导致加工速度下降；若冲（抽）油压力过大，加工速度同样会降低。这是因为冲（抽）油压力过大，产生干扰，使加工稳定性变差，故加工速度反而会降低。如图1-10所示，为冲（抽）油压力和加工速度的关系曲线。冲（抽）油的方式与压力大小应根据实际加工情况来定。若型腔较深或加工面积较大，冲（抽）油压力要相应增大。

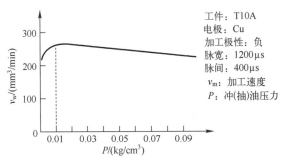

图1-10 冲（抽）油压力和加工速度的关系曲线

2）"抬刀"对加工速度的影响。为使放电间隙中的电蚀产物迅速排除，除采用冲（抽）油外，还需经常"抬刀"（电极抬起）以利于排屑。在定时"抬刀"模式，会出现放电间隙状态良好无须"抬刀"，而电极却照样抬起的情况；也会出现当放电间隙的电蚀产物积聚较多急需"抬刀"时，而"抬刀"时间未到却不"抬刀"的情况。这种多余的"抬刀"动作和未及时"抬刀"都直接降低了加工速度。为克服定时"抬刀"的缺点，目前较先进的电火花机床都采用了自适应"抬刀"功能。自适应"抬刀"是根据放电间隙的状态来决定是否"抬刀"。放电间隙状态不好，电蚀产物堆积多，"抬刀"频率自动加快；当放电间隙状态好，电极就少抬起或不抬。这使电蚀产物的产生与排除基本保持平衡，避免了不必要的电极抬起动作，提高了加工速度。

如图1-11所示，为"抬刀"方式对加工速度的影响。由图可知，同样的加工深度，采用自适应"抬刀"比定时"抬刀"需要的加工时间短，即加工速度高。

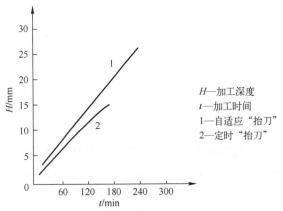

图1-11 不同的"抬刀"方式对加工速度的影响

3. 电极材料和加工极性的影响

在电参数选定的情况下，采用不同的电极材料与加工极性，加工速度也不相同。采用石墨电极，同样的加工电流，正极性比负极性加工速度高。

在加工中选择极性，不能只考虑加工速度，还要考虑电极损耗。如用石墨作为电极时，正极性加工比负极性加工速度高，但在粗加工中，电极损耗会很大。故在不计电极损耗的通孔加工、取出内孔的折断工具（如：钻头、丝锥、铰刀等）等情况下，用正极性加工；而在用石墨电极加工型腔的过程中，常采用负极性加工。

在同样加工条件和加工极性的情况下，采用不同的电极材料，加工速度也不相同。例如，中等脉宽、负极性加工时，石墨电极的加工速度高于铜电极的加工速度。在脉宽较窄或较宽时，铜电极的加工速度高于石墨电极的加工速度。此外，采用石墨电极加工的最大加工速度的脉宽，比用铜电极加工的要窄。

综上所述，电极材料和加工极性对电火花加工都非常重要，正确选择电极材料和加工极性是电火花加工质量好坏的关键。

4. 工件材料的影响

在同样的加工条件下，选用不同的工件材料，加工速度也不同。这主要取决于工件材料的物理性能（熔点、沸点、比热、导热系数、熔化热、汽化热等）。

一般来说，工件材料的熔点、沸点越高，比热、熔化潜热和汽化潜热越大，加工速度越低，即越难加工。如加工硬质合金钢比加工碳素钢的速度要低40%~60%。对于导热系数很高的工件，虽然熔点、沸点、熔化热和汽化热不高，但因热传导性好，热量散失快，加工速度也会降低。

5. 工作液的影响

在电火花加工中，工作液的种类、黏度、清洁度对加工速度也有影响。就工作液的种类来说，大致顺序是：高压水>（煤油+机油）>煤油>酒精水溶液。在电火花加工中，应用最多的工作液是煤油。

1.6.2 非电参数对电极损耗的影响

电极损耗是电火花加工中的重要工艺指标。在生产中，衡量某种工具电极是否耐损耗，不只是看工具电极损耗速度 v_E 的绝对值大小，还要看同时达到的加工速度 v_W，即每蚀除单位重量金属工件时，工具相对损耗多少。因此，常用相对损耗或损耗比 θ 作为衡量工具电极损耗的指标，即

$$\theta = \frac{v_E}{v_W} \times 100\%$$

式中的加工速度和损耗速度：若以 mm^3/min 为单位计算，则为体积相对损耗 θ_V；若以 g/min 为单位计算，则为重量相对损耗 θ_E；若以工具电极损耗长度与工件加工深度之比来表示，则为长度相对损耗 θ_L。在加工中，采用长度相对损耗 θ_L 比较直观，测量较为方便，但由于电极部位不同，损耗也不同。因此，长度相对损耗 θ_L 还分为端面损耗、侧面损耗、角部损耗，如图1-12所示。在加工中，同一电极的角部损耗>侧面损耗>端面损耗。

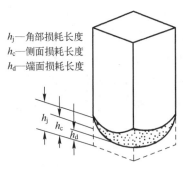

图 1-12 电极损耗长度说明图

1. 加工面积的影响

在脉冲宽度和峰值电流一定的条件下,加工面积的大小对电极损耗影响不大,是非线性的,如图 1-13 所示。当电极相对损耗小于 1% 时,随着加工面积的继续增大,电极损耗减小的趋势越来越慢。当加工面积过小时,则随着加工面积的减小而电极损耗急剧增加。

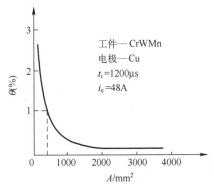

图 1-13 加工面积的大小对电极相对损耗的影响

2. 冲(抽)油的影响

由前文所述可知,对形状复杂、深度较大的型孔或型腔加工时,若采用适当的冲(抽)油的方法进行排屑,有助于提高加工速度。不过冲(抽)油压力过大反而会加大电极的损耗,因为强力冲(抽)油使加工间隙的排屑和消电离速度加快,这样减弱了电极上的"覆盖效应"。当然,不同的工具材料对冲(抽)油的敏感性不同。如图 1-14 所示,用石墨电极加工时,电极损耗受冲(抽)油压力的影响较小;而纯铜电极损耗受冲(抽)油压力的影响较大。

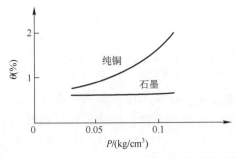

图 1-14 冲(抽)油压力对电极相对损耗的影响

因此，在电火花成形加工中，应谨慎使用冲（抽）油。加工较容易且稳定的电火花加工，不宜采用冲（抽）油；若非采用冲（抽）油不可的电火花加工，也应注意冲（抽）油的压力维持在较小的范围内。

冲（抽）油方式对电极损耗量无明显区别，但对电极端面损耗的均匀性有较大区别。冲油时电极损耗成凹形端面，抽油时则形成凸形端面，如图 1-15 所示。这主要是因为冲油进口处所含各种杂质较少、温度比较低、流速较快，使进口处"覆盖效应"减弱的缘故。

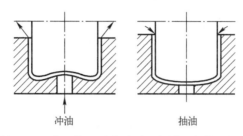

图 1-15　冲（抽）油方式对电极端面损耗的影响

实践证明，当油孔的位置与电极的形状对称时，用交替冲油和抽油的方法，可使冲（抽）油所造成的电极端面形状的缺陷互相抵消，得到较平整的端面。另外，采用脉冲冲油或抽油（不连续），比连续地冲、抽油的效果好。

3. 电极的形状和尺寸的影响

在电极材料、电参数和其他工艺条件完全相同的情况下，电极的形状和尺寸对电极损耗影响也很大（如电极的尖角、棱边、薄片等）。图 1-16a 所示的型腔，用整体电极加工较困难。在实际中应首先加工主型腔，如图 1-16b 所示，再用小电极加工副型腔，如图 1-16c 所示。

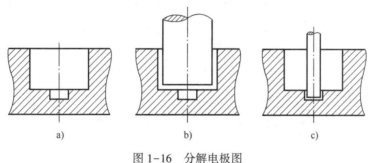

图 1-16　分解电极图
a) 型腔　b) 加工主型腔　c) 加工副型腔

4. 工具电极材料的影响

工具电极损耗与其材料有关，损耗量的大致顺序为：银钨合金<铜钨合金<石墨（粗规准）<纯铜<钢<铸铁<铜锌合金<铝。

1.6.3　电参数对加工速度的影响

1. 脉冲宽度对加工速度的影响

单个脉冲能量的大小是影响加工速度的重要因素，如图 1-17 所示。对于矩形波脉冲电源，当峰值电流一定时，脉冲能量与脉冲宽度成正比。脉冲宽度增加，加工速度随之增加，因为随着脉冲宽度的增加，单个脉冲能量增大，使加工速度提高。但若脉冲宽度过大，加工速度反而会下降。这是因为脉冲能量虽然增大，但转换的热能有较大部分散失在电极与工件之间了，不起蚀除作用。同时，当其他加工条件相同时，随着脉冲能量过分增大，蚀除产物也会快速增多，排气排屑条件恶化，因间隙消电离时间不足而导致拉弧，导致加工稳定性变差等，这样加工速度反而降低了。

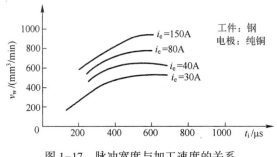

图 1-17　脉冲宽度与加工速度的关系

2. 脉冲间隔对加工速度的影响

在脉冲宽度一定的条件下，若脉冲间隔减小，则加工速度会提高。这是因为脉冲间隔减小后单位时间内工作脉冲数目增多、加工电流增大，故加工速度提高；但若脉冲间隔过小，会因放电间隙来不及消电离而导致加工稳定性变差，进而导致加工速度降低，如图 1-18 所示。

在脉冲宽度一定的条件下，为了最大限度地提高加工速度，应在保证稳定加工的同时，尽量缩短脉冲间隔时间。带有脉冲间隔自适应控制的脉冲电源，能够根据放电间隙的状态，在一定范围内调节脉冲间隔的大小，这样既能保证稳定加工，又可获得较大的加工速度。

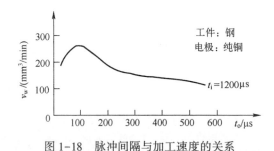

图 1-18　脉冲间隔与加工速度的关系

3. 峰值电流对加工速度的影响

当脉冲宽度和脉冲间隔一定时，随着峰值电流的增加，加工速度也会增加。因为加大峰值电流，等于加大单个脉冲能量，所以加工速度也就提高了。若峰值电流过大（即单个脉冲能量过大），加工速度反而会下降。

此外，峰值电流增大将降低工件表面粗糙度和增加电极损耗。在生产中，应根据实际的要求，选择合适的峰值电流。

1.6.4 电参数对电极损耗的影响

1. 脉冲宽度对电极损耗的影响

在峰值电流一定的情况下，随着脉冲宽度的减小，电极损耗会增大，脉冲宽度越窄，电极损耗 θ 上升的趋势越明显，如图 1-19 所示。所以，精加工时的电极损耗比粗加工时的电极损耗大。

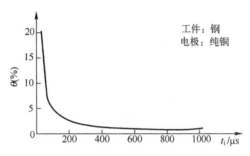

图 1-19 脉冲宽度与电极损耗的关系

脉冲宽度增大，电极损耗降低的原因有以下几个方面。

1) 脉冲宽度增大，单位时间内脉冲放电次数减少，使放电击穿引起电极损耗的影响减少。同时，负极（工件）承受正离子轰击的机会增多，正离子加速的时间也长，极性效应比较明显。

2) 脉冲宽度增大，电极"覆盖效应"增加，也减少了电极损耗。在加工中电蚀产物（包括被熔化的金属和工作液受热分解的产物）不断沉积在电极表面，对电极的损耗起补偿作用。但如果这种飞溅沉积的量大于电极的损耗，就会破坏电极的形状和尺寸，影响加工效果；如果飞溅沉积的量恰好等于电极的损耗，两者达到动态平衡，则可得到无损耗加工。由于电极端面、角部、侧面损耗的不均匀性，无损耗加工是难以实现的。

2. 峰值电流对电极损耗的影响

脉冲宽度一定的情况下，加工时的峰值电流不同，电极损耗也不同，如图 1-20 所示。

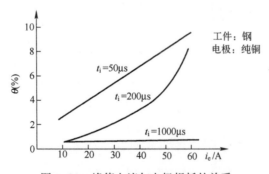

图 1-20 峰值电流与电极损耗的关系

用纯铜电极加工钢时，随着峰值电流的增加，电极损耗也增加。要降低电极损耗，应减小峰值电流。因此，对一些不适宜用长脉冲宽度加工而又要求电极损耗小的工件，应使用窄脉宽、低峰值电流的方法加工。

由以上内容可知，脉冲宽度和峰值电流对电极损耗的影响效果是综合性的。只有脉冲宽度和峰值电流保持一定关系，才能实现低损耗加工。

3. 脉冲间隔的影响

在脉冲宽度不变时，随着脉冲间隔的增加，电极损耗会增大，如图 1-21 所示。因为脉冲间隔加大，引起放电间隙中介质消电离状态的变化，使电极上的"覆盖效应"减少。随着脉冲间隔的减小，电极损耗也随之减少，但超过一定限度，放电间隙来不及消电离而造成拉弧烧伤，反而影响正常加工的进行。尤其是粗规准、大电流加工时，更应注意。

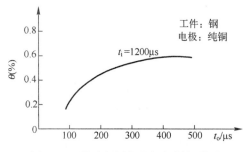

图 1-21 脉冲间隔与电极损耗的关系

4. 加工极性的影响

在其他加工条件相同的情况下，加工极性不同对电极损耗影响也很大。当脉冲宽度 t_i 小于某一数值时，正极性损耗小于负极性损耗；反之，当脉冲宽度 t_i 大于某一数值时，负极性损耗小于正极性损耗。一般情况下，采用石墨电极和铜电极加工钢时，粗加工用负极性，精加工用正极性。但在钢电极加工钢时，无论粗加工或精加工都要用负极性，否则电极损耗将大大增加。

结合前文非电参数对电极损耗的影响，总结电极损耗的因素，如表 1-3 所示。

表 1-3 影响电极损耗的因素

因素	说明	减少损耗条件
脉冲宽度	脉宽越大，损耗越小，至一定数值后，损耗可降低至小于1%	脉宽足够大
峰值电流	峰值电流增大，电极损耗增加	减小峰值电流
加工面积	影响不大	大于最小加工面积
极性	影响很大。应根据电源、电规准、工作液、电极材料和工件材料的不同，选择合适的极性	一般脉宽大时用负极性，脉宽小时用正极性
电极材料	常用电极材料中铜锌合金的损耗最大，纯铜、铸铁、钢次之，石墨和铜钨、银钨合金较小。纯铜在一定的电规准和工艺条件下，也可以得到低损耗加工	石墨作为粗加工电极、纯铜作为精加工电极
工件材料	加工硬质合金工件时，电极损耗比钢工件大	用高压脉冲加工，在一定条件下可降低损耗
工作液	常用的煤油要获得低损耗加工，需具备一定的工艺条件	
排屑条件和二次放电	在损耗较小的加工时，排屑条件越好则损耗越大，如纯铜。有些电极材料则对此不敏感，如石墨。损耗较大的加工时，二次放电会使损耗增加	在许可条件下，最好不采用冲（抽）油方法

1.7 影响加工精度及表面粗糙度的主要因素

1. 影响加工精度的主要因素

电火花加工精度包括尺寸精度和形状精度。影响精度的因素很多,这里重点探讨与电火花加工工艺有关的因素。

(1) 放电间隙

电火花加工中,工具电极与工件电极存在着放电间隙,因此工件的尺寸、形状与工具并不一致。如果加工过程中放电间隙是常量,根据工件加工表面的尺寸、形状可以预先对工具尺寸、形状进行修正。但放电间隙随电参数、电极材料、工作液的绝缘性能等因素的变化而变化,从而影响了加工精度。

间隙大小对形状精度也有影响,间隙越大,则复制精度越差,特别是复杂形状的加工表面。如电极为尖角时,由于放电间隙的等距离,工件则为圆角。因此,为了减少加工尺寸误差,应该采用较弱小的加工规准,缩小放电间隙,另外还必须尽可能使加工过程稳定。放电间隙在精加工时一般为 0.01~0.1mm,粗加工时可达 0.5mm 以上(单边)。

(2) 工具电极的损耗

在电火花加工中,随着加工深度的不断增加,工具电极进入放电区域的时间是从端部向上逐渐减少的。实际上,工件侧壁主要是由工具电极底部端面的周边加工出来的。因此,电极的损耗也必然从端面底部向上逐渐减少,从而形成了损耗锥度。而入口处由于电蚀产物的存在,易发生由于电蚀产物的介入而再次进行的非正常放电即"二次放电"因而产生加工斜度,如图 1-22 所示。

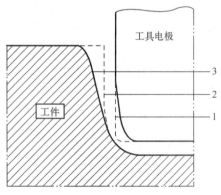

图 1-22 电火花加工时的加工斜度
1—电极无损耗时工具轮廓线　2—电极有损耗而不考虑二次放电时的工件轮廓线
3—实际工件轮廓线

2. 影响表面粗糙度的主要因素

表面粗糙度是指加工表面上的微观几何形状误差。电火花加工表面粗糙度的形成与切削加工不同,它是由若干电蚀小凹坑组成的,能存润滑油,其耐磨性比同样粗糙度的机加工表面要好。在相同表面粗糙度的情况下,电火花加工表面比机加工表面亮度低。

工件的电火花加工表面粗糙度直接影响其使用性能,如耐磨性、配合性质、接触刚度、疲劳强度和抗腐蚀性等。尤其对在高速、高压条件下工作的模具和零件，其表面粗糙度往往决定其使用性能和使用寿命。

电火花加工工件表面的凹坑大小与单个脉冲放电能量有关，单个脉冲能量越大则凹坑越大。若把粗糙度值大小简单地看成与电蚀凹坑的深度成正比，则电火花加工表面粗糙度随单个脉冲能量的增加而增大。

当峰值电流一定时，脉冲宽度越大，单个脉冲的能量就大，放电腐蚀的凹坑也越大越深，所以表面粗糙度就越大。

在脉冲宽度一定的条件下，随着峰值电流的增加，单个脉冲能量增加，表面粗糙度也越大。

在一定的脉冲能量下，不同的工件电极材料表面粗糙度值大小不同，熔点高的材料表面粗糙度值要比熔点低的材料小。

工具电极表面的粗糙度值也影响工件的加工表面粗糙度值。例如石墨电极表面比较粗糙，因此它加工的工件表面粗糙度值也大。

由于电极的相对运动，工件侧面的表面粗糙度值比端面小。

纯净的工作液有利于得到理想的表面粗糙度。因为工作液中含蚀除产物等杂质越多，越容易发生积炭等不利状况，从而影响表面粗糙度。

1.8 复习思考题

1. 简述电火花加工的基本原理、加工特点及应用。
2. 简述电火花加工的加工条件。
3. 电火花加工电规准主要包括哪些参数？请解释各个参数的含义。
4. 电火花加工中常用电极材料有哪些？请简述各种材料的特性。
5. 电极材料的选择原则是什么？请制定出一套选择方案。
6. 简述影响电火花加工工艺指标的主要因素。

第 2 章 电火花加工实训

不同类型的电火花机床除了操作面板不同外，基本操作也不同。本教材将根据目前国内高职院校电加工实训及企业使用设备的情况，选择常州科教城模具实训基地的普通电火花机床以及新火花电火花机床为例。

2.1 实训一 电火花机床结构认识、基本操作及安全操作规程

2.1.1 实训目的

了解电火花机床的结构；理解电火花机床操作面板上各按钮的含义；掌握电火花机床的基本操作方法及安全操作规程。

2.1.2 实训内容

图 2-1 所示为苏州 SPK 系列的电火花机床。主要由机床主机、脉冲电源、放电自动进给机构、工作液循环系统组成，如图 2-2 所示。

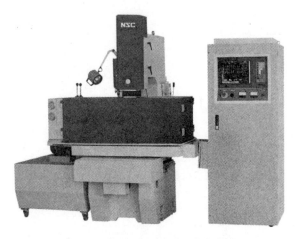

电火花机床结构及操作面板简介

图 2-1 苏州 SPK 系列电火花机床

其中，电火花机床主机是其机械部分，用于夹持工具电极及支撑工件，保证它们之间的相对位置，并实现电极在加工过程中的稳定进给运动。由图2-2可以看出，机床主机主要由床身、立柱、工作台、工作液油槽、主轴头等部分组成。

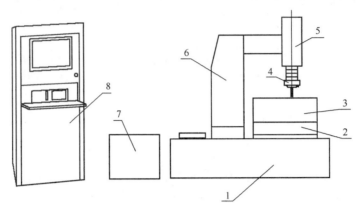

图2-2　电火花机床结构
1—床身　2—工作台　3—工作液油槽　4—主轴头
5—主轴箱　6—立柱　7—工作液循环箱　8—脉冲电源柜

1. 普通电火花机床基本操作

（1）机床操作面板简介

图2-3所示为普通电火花机床操作面板示意图。图2-4所示为机床主轴侧面操作控制功能面板示意图。

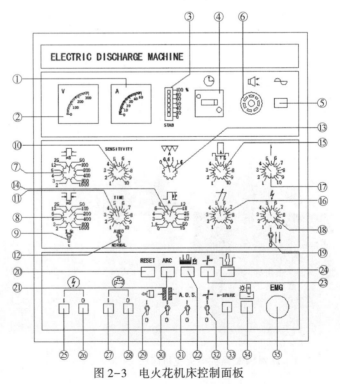

图2-3　电火花机床控制面板

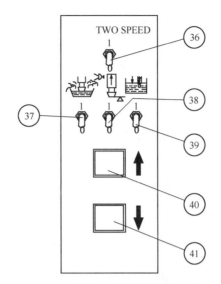

图 2-4 主轴侧面操作控制功能面板

控制面板主要功能说明：

① 电流表：显示加工中平均电流的大小。

② 电压表：显示放电时，电极与工件间的间隙电压。

③ 加工稳定度指示灯。

④ 加工时间计时器：累计实际的放电加工时间。

⑤ 电源指示灯：灯亮表示电源箱电源已输入。

⑥ 蜂鸣器。

⑦ 放电幅选择开关：

- 选择放电时间的长短。放电幅与电流配合可决定工件表面粗糙度，置于"2"电极消耗最大，置于"1600"时，电极消耗最小。
- 在同一电流放电时，放电幅越短，表面粗糙度越佳，但电极消耗较大；放电幅越长，表面粗糙度越差，但电极消耗较少。
- 低消耗加工时，放电幅（需 100 μs 以上）与加工电流适当配合。但如果配合中遇到长放电幅，而且速度很慢时，电极面会产生严重皱纹。

⑧ 休止幅选择开关：

- 放电幅之间，必须有一段恢复绝缘状态的休止时间，称为休止幅。
- 休止时间短，平均电流大，放电效率高，但容易造成排渣不良；休止时间长，平均电流小，放电效率较低，排渣容易。由于每次瞬间放电电流是一样的，因此表面精度不受影响，但与加工速度有很大的关系。
- 休止幅置于"2"时，休止时间最短，休止幅置于"1600"时，休止时间最长。应注意不可小于放电幅 3 个档位，例如：当放电幅"100"时，休止幅不可小于"12"，否则容易积炭。
- 休止幅数值范围"2～1600"，共 12 档。

⑨ 放电幅、休止幅 1.5 倍选择开关：若置于"1.5t"时，放电幅及休止幅同时加长 1.5 倍，此功能将放电幅及休止幅由 12 档增加为 24 档。

⑩ 积炭监视灵敏度调整钮：置于"1"时灵敏度最低，置于"10"时灵敏度最高，一般情况置于"2"的位置。

⑪ 积炭时自动停机时间调整钮：配合⑩检出排渣不良信号。当积炭累积到达设定时间时，即停机，此时 ARC 灯亮。

⑫ 防积炭自动监视开关：
- 置于"AUTO"时，如排渣不良未获得改善，会自动停机，㉑指示灯亮。
- 此时须清除电极与工件之间的炭渣，并加强排渣功能。
- 重新启动加工前，必须先按⑳重置开关加以复位。

⑬ 高压加工电流选择开关：此为高压加工的小电流，调整范围为"0～1.5"共四档，可做微细加工用。低压电流重叠此高压回路，可使加工稳定，提高加工速度，但工件两侧间隙会增加。

⑭ 低压加工电流选择开关：
- 峰值电流越大，表示加工电流越大。
- 加工电流越大，加工后的工件表面粗糙度越差，反之越佳。
- 电流较小时，切削量越小，加工效率低；电流增大时，加工效率增高。

⑮ 加工间隙电压调整钮：
- 置于"1"时间隙最小；置于"10"时，间隙最大。
- 间隙小时，放电效率高，但排渣较不易，较易发生积炭；间隙大时，放电效率稍差，但排渣容易。

⑯ 伺服进给速度调整钮：
- 用来调整主轴的进给速度，置于"1"时最慢，置于"10"时最快。
- 打开电极与工件接触检出开关㉜时，可用来调整主轴手动下降的速度。配合量表可用来校正电极的用途（应使量表与工作台绝缘），或配合蜂鸣器用来测量工件的基准面。
- 放电过程中，可用来调整放电时的稳定度及主轴进给速度，使其达到稳定的放电效果。

⑰ 电极上升排渣距离调整钮：
- 置于"1"时，排渣高度最低，置于"10"时，排渣高度最高。
- 一般调整上升距离约 0.5 mm 左右，依据加工模具的实际情况做相应的调整。

⑱ 加工时间调整钮：
- 时间范围由"0.3～10 s"，分 10 档。
- 贯穿加工或中粗加工时，可选用较长时间，但加工较深、大面积模具及小电流加工时，则需选用较短时间，以利排渣。

⑲ 间歇跳动排渣控制开关：置于"1"时，启动间歇跳动排渣。加工较深孔时，可利用此装置帮助排渣。

⑳ 重置开关：当㉑、㉒及㉔灯亮时，须按此开关重置后，才能启动加工。

㉑ 排渣不良或积炭指示灯：当防积炭自动监视开关⑫置于"AUTO"时，如加工过程中排渣情况不良，指示灯会闪烁，此时休止幅会自动拉长 10 倍，以帮助排渣。并提示操作者加强排渣功能，例如调大休止幅、调高排渣距离、减少加工时间、调高加工间隙电压等以改

善排渣功能。

㉒ 液位过低、超液温、火焰指示灯：当工作液位过低、液温过高或加工中油槽着火时，此指示灯亮，且停止加工。要想重新启动加工，必须先按⑳重置开关，然后再按㉕及㉗按钮。

㉓ 电极与工件接触检测指示灯：当打开电极与工件接触检测开关，指示灯变亮。这时，按下加工启动按钮，机床不会进行放电加工。

㉔ 加工深度到达指示灯：加工深度到达时，指示灯亮，灯亮时须按重置开关，否则无法再启动。

㉕ 加工启动按钮：按下此按钮后放电电源输出，红色指示灯亮。灯亮后不要用导电物或手触摸电极，以免触电造成伤害。

㉖ 加工停止按钮：按下此按钮，红灯亮，表示加工停止，此时放电电源无输出。

㉗ 加工液启动按钮：按下此按钮，绿灯亮，煤油经管道送至加工油槽内。根据需要调整加工油槽左侧进油控制开关。

㉘ 加工液停止按钮：按下此按钮，绿灯灭，煤油停止输送。

㉙ 同步喷油控制开关：置于"1"时，可配合电极上升时喷油，降低电极损耗。

㉚ 放电主轴锁定开关：置于"1"时，主轴锁定，无法上下移动。可配合手摇加工装置，做模具侧边细加工或扩大加工之用。

㉛ 加工停止时自动切断电源开关：
- 启动后，将此开关置于"1"时，若因深度到达或其他原因致使放电停止时，会自动切断全部电源。
- 开机前，应将此开关置于"0"，否则无法通电。

㉜ 电极与工件接触检测开关：此开关置于"1"时，电极与工件接触时蜂鸣器会发出报警声，可用于测中心位置或寻边。按机头下降开关时，配合伺服调整钮，可控制主轴下降速度。当电极碰到工件时会自动微动，故可作为测定加工工件深度的基准面。

㉝ 细微加工开关：当细加工至1.5倍时，若要求更精细的表面，将低压加工电流选择开关⑭置于"0"后，按下此开关可得更佳精细度。

㉞ 电极极性切换开关：按下此开关"ON"灯亮时表示电极为正，被加工工件为负；当开关"OFF"灯亮时，表示极性相反（注意：加工过程中请勿切换加工极性）。

㉟ 紧急停止按钮：紧急状况下，想快速停机时，可按下此按钮。

㊱ 伺服两段速控制开关：启动后，置于"1"时，排渣上升后，主轴先快速下降，距加工面约0.15 mm时再以慢速前进，置于"1"可以节省下降时间。置于"0"时，排渣上升后，主轴以慢速下降接近加工面，大面积加工时可采用此方式。

㊲ 防火监视开关：置于"1"时，启动防火监视功能。启动后，若加工油槽着火时，会自动停止放电。置于"0"时，油槽着火不会停止放电。通常基于安全考虑，应将此开关置于"1"的位置。

㊳ 连续上升控制开关：置于"1"时，当加工深度达到时，放电主轴上升至最高点。置于"0"时，当加工深度达到时，会停止放电但不能上升至最高点。

㊴ 液位过低、液温过高监视开关：置于"1"时，当加工过程中出现液位过低、液温过高情况时，会自动停止放电加工，并发出报警声。

㊵ 主轴手动上升按钮：按下此按钮，放电主轴上升，并自动停止加工。

㊶ 主轴手动下降按钮：按下此按钮，放电主轴下降，需注意勿触及工件。

图 2-5 所示为机床数显表外形结构图，它的作用是控制电火花机床的加工操作以及控制加工型腔深度。

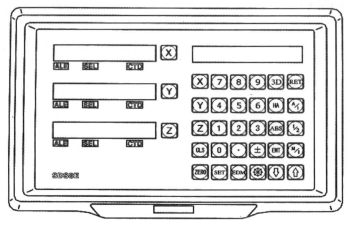

图 2-5 机床数显表

(2) 基本操作步骤

1) 设定坐标点（即"对刀"），以工件中心为坐标原点，如图 2-6 所示。

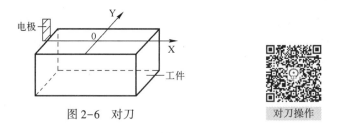

图 2-6 对刀

① 将电极移动到工件左侧，然后将电极下降到工件上表面以下，再将操作面板上电极与工件接触，检出开关置于"1"。

② 摇动 X 轴手轮，以至电极与工件接触蜂鸣器发出报警声，这时将 X 轴上的显示清零。

③ 抬起电极移动到工件右侧，按上述步骤操作，X 轴将显示一个数值，抬起电极。

④ 这时按下〈X〉键，再按下〈1/2〉键。

⑤ 将 X 轴移动到 "0" 即为 X 方向的中心。

Y 方向上的中心按上述步骤（X 方向中心的确认步骤）操作。

2) 加工深度的设置。

① 先移动 Z 轴上的主轴电极，令其接触工件基准，Z 轴清零或置数。

② 按〈EDM〉键，置入要加工的深度值（深度值将在 X 轴上显示），然后按〈ENT〉键确认。确认后再按〈↓〉键，退出 "DEPTH（设置深度界面）" 状态，同时进入 "EDM（电火花放电加工）" 状态进行加工。

③ X 轴上会显示 "加工深度的目标值"。

Y 轴上会显示"已到深度值"。注：Y 轴上的值是工件已被加工的深度值。

Z 轴上会显示"自身位置的实时值"。注：Z 轴上的值是主轴电极所在位置的值。

④ 开始加工。Z 轴显示值逐渐接近目标值，Y 轴的显示值也随之逐渐接近目标值。若此时电极反复抬高、降低，Z 轴显示值也会随之变化，而 Y 轴的显示值则不会变化，始终显示已加工的深度值。

⑤ Z 轴的显示值等于设置的目标值时，到位开关关闭、EDM 放电机停止加工、信息屏显示"EDM．E"，并退出加工状态。

2. 新火花电火花机床基本操作

新火花电火花机床控制系统主要由 4 大菜单及 X、Y、Z 三轴坐标显示（含 X、Y、Z 三轴的绝对及相对坐标）组成，如图 2-7 所示。

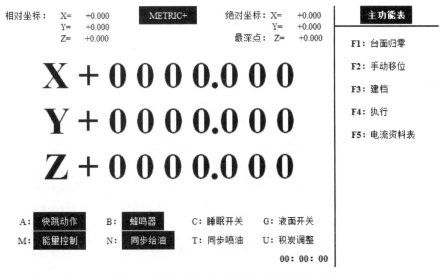

图 2-7　新火花电火花机床控制系统主界面

图 2-7 控制系统主界面"主功能表"中各菜单介绍如下。

"F1：台面归零"：可选择单一轴归原点或所有轴同时归原点。此功能一般开机时执行，目的是将工作台面归原点，即寻找台面的基准点。

"F2：手动移位"：使用机床控制盒操作，如图 2-8 所示。可控制 X、Y、Z 三轴做正反方向的移动，配合三段速度选择键，做快、中、慢速的移位，并可配合自动靠模及中心点找寻功能，做快速靠模寻边的动作。

"F3：建档"：将 X、Y、Z 三轴及摇动轨迹的移位坐标一次性输入，并将放电参数也一并输入，即电火花加工程序的建立。并可将这些数据储存于磁盘上，作为以后再次使用的依据。

"F4：执行"：依照所设定的移位坐标执行定位功能，并配合 Z 轴参数，做全自动放电加工。

"F5：电流资料表"：电流与 Ton 对照表。可事先将每一电流所对应的值预设于此，方便以后的编辑。本机床自带电流资料表，一般情况下不用编辑。

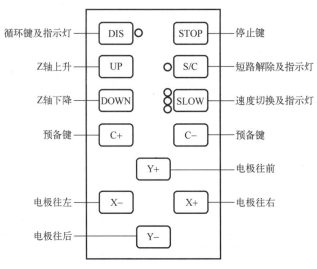

图 2-8　电火花机床控制盒

（1）坐标原点的设定

如图 2-6 所示，以工件的中心及上表面为坐标原点。

1）在图 2-7 所示主界面中，选择"F2：手动移位"菜单，进入手动移位界面，如图 2-9 所示。选择"F4：自动靠模"菜单，进入自动靠模界面，如图 2-10 所示。

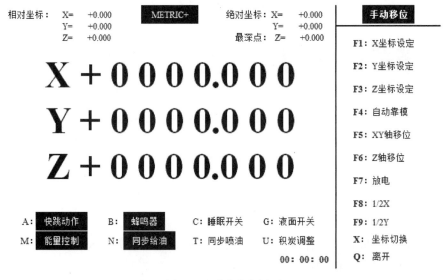

图 2-9　手动移位界面

2）利用手持控制盒操作，把电极移到工件左方尽量靠近工件，并让电极下降到适当位置。选择图 2-10 自动靠模界面中的"F1：靠边 X →|"菜单，此时电极会往 X+方向移动。当电极碰到工件时会马上停止，此时须同时按下手持控制盒的"短路解除键"与"X-键"让电极与工件分开，并按"UP 键"让电极升至工件上方。

3）把电极移到工件右方尽量靠近工件，并让电极下降到适当位置。选择图 2-10 自动靠模界面中的"F2：靠边 X |←"菜单，此时电极会往 X-方向移动。当电极碰到工件时会

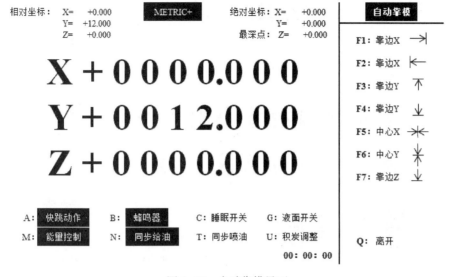

图 2-10 自动靠模界面

马上停止，此时须同时按下手持控制盒的"短路解除键"与"X+键"让电极与工件分开，并按"UP 键"让电极升至工件上方。

4) 选择图 2-10 自动靠模界面中的"F5：中心 X ⊁⊀"菜单，X 轴会自动移到工件 X 轴的中心点并归零。

5) 把电极移到工件前方尽量靠近工件，并让电极下降到适当位置。选择图 2-10 自动靠模界面中的"F3 靠边 Y ↑"菜单，此时电极会往 Y+方向移动。当电极碰到工件时会马上停止，此时须同时按下手持控制盒的"短路解除键"与"Y-键"让电极与工件分开，并按"UP 键"让电极升至工件上方。

6) 把电极移到工件后方尽量靠近工件，并让电极下降到适当位置。选择图 2-10 自动靠模界面中的"F4：靠边 Y ↓"菜单，此时电极会往 Y-方向移动。当电极碰到工件时会马上停止，此时须同时按下手持控制盒的"短路解除键"与"Y+键"让电极与工件分开，并按"UP 键"让电极升至工件上方。

7) 选择图 2-10 自动靠模界面中的"F6：中心 Y ⊁⊀"菜单，Y 轴会自动移到工件 Y 轴的中心点并归零。

8) 利用手持控制盒操作，把电极移到工件上方尽量靠近工件。选择图 2-10 自动靠模界面中的"F7：靠边 Z ↓"菜单，此时 Z 轴会向下移动。当电极碰到工件时会马上停止，并且 Z 轴的数值会马上归零。此时须同时按下手持控制盒的"短路解除键"与"UP 键"让电极与工件分开。

(2) 加工程序的建立

在主界面，如图 2-7 所示中，选择"F3：建档"菜单，进入编辑程序界面，如图 2-11 所示。此时可根据工件的加工要求，并依照菜单画面的引导，来完成加工程序的编辑。

1) 选择图 2-11 编辑程序界面中"F1：编辑 X Y"菜单，进入编辑 X、Y 轴坐标界面，如图 2-12 所示。在对话框中输入相应的值。

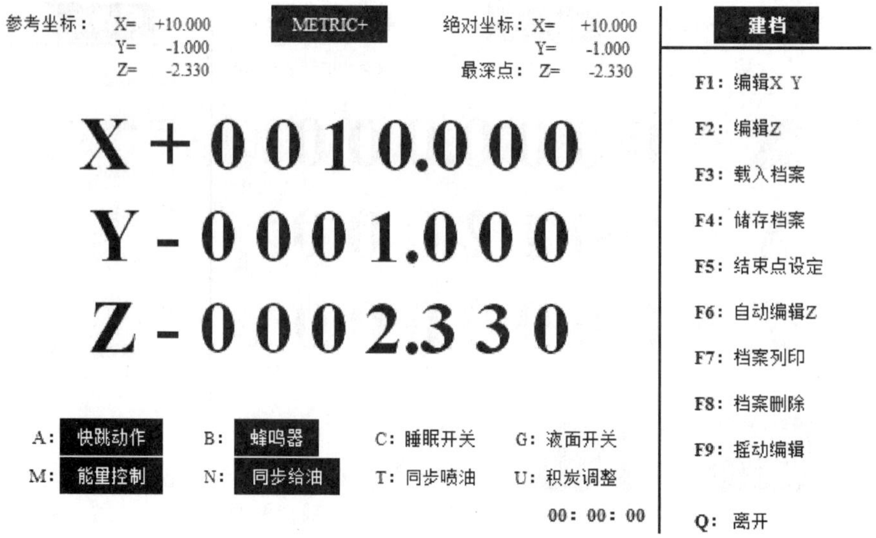

```
参考坐标：  X=  +10.000      METRIC+      绝对坐标：X=  +10.000         建档
            Y=  -1.000                            Y=  -1.000
            Z=  -2.330                   最深点：  Z=  -2.330      F1：编辑X Y

              X + 0 0 1 0 . 0 0 0                                 F2：编辑Z

              Y - 0 0 0 1 . 0 0 0                                 F3：载入档案

              Z - 0 0 0 2 . 3 3 0                                 F4：储存档案

                                                                  F5：结束点设定

                                                                  F6：自动编辑Z

                                                                  F7：档案列印

                                                                  F8：档案删除

        A： 快跳动作    B： 蜂鸣器   C：睡眠开关  G：液面开关       F9：摇动编辑
        M： 能量控制    N： 同步给油  T：同步喷油  U：积炭调整
                                                 00：00：00       Q：离开
```

图 2-11　编辑程序界面

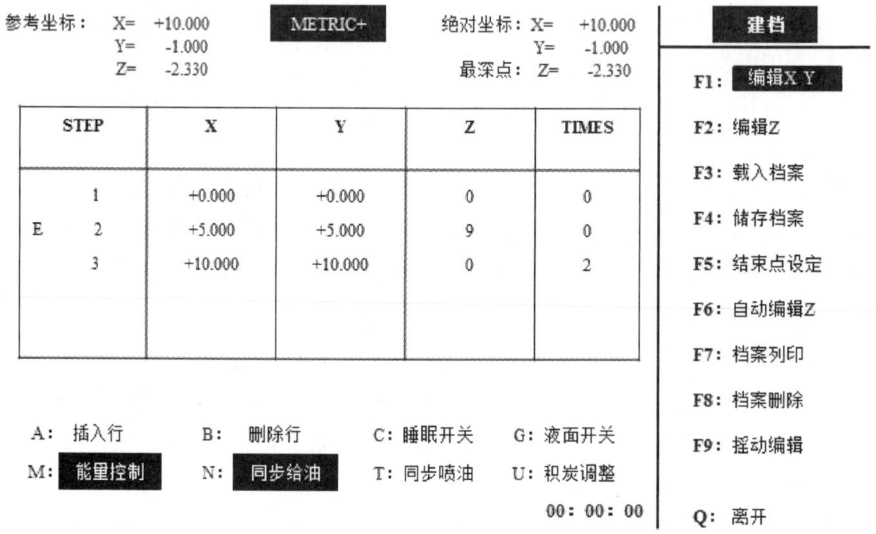

```
参考坐标：  X=  +10.000      METRIC+      绝对坐标：X=  +10.000         建档
            Y=  -1.000                            Y=  -1.000
            Z=  -2.330                   最深点：  Z=  -2.330      F1：编辑X Y
```

	STEP	X	Y	Z	TIMES
	1	+0.000	+0.000	0	0
E	2	+5.000	+5.000	9	0
	3	+10.000	+10.000	0	2

```
                                                                  F2：编辑Z
                                                                  F3：载入档案
                                                                  F4：储存档案
                                                                  F5：结束点设定
                                                                  F6：自动编辑Z
                                                                  F7：档案列印
                                                                  F8：档案删除
        A： 插入行    B： 删除行   C：睡眠开关  G：液面开关        F9：摇动编辑
        M： 能量控制  N： 同步给油  T：同步喷油  U：积炭调整
                                                 00：00：00       Q：离开
```

图 2-12　编辑 X、Y 轴坐标界面

① "STEP" 表示编辑 X、Y 轴坐标步数，此值由计算机依照所编辑数据的增加而自动增加。此值不用输入，最大为 100。若工件上孔与孔之距离安全不同，最大可输入 100 个孔的移位坐标。

② "X" 表示编辑 X 轴方向移位坐标，即孔与孔之间 X 轴方向的距离，此值以增量坐标表示，输入值为本孔与前一孔之间的距离，正方向请加上 "+"，负方向请加上 "-"。

③ "Y" 表示编辑 Y 轴方向移位坐标，即孔与孔之间 Y 轴方向的距离，此值以增量坐标表示，输入值为本孔与前一孔之间的距离，正方向请加上 "+"，负方向请加上 "-"。

④ "Z" 表示编辑 X、Y 轴移位坐标是参考哪一组 Z 轴子程序，此值仅表示子程序的号码，而不是真正的 Z 轴深度值，真正的 Z 轴深度值需在 "编辑 Z" 时输入。此值的范围为 0~29，共 30 种，即一次可编辑 30 种不同深度的孔。

⑤ "TIMES"表示编辑 X、Y 轴移位坐标在执行时的重复次数。当工件出现连续孔加工且孔与孔之间的距离相同时,可在此处输入重复孔的个数,以省去重复输入坐标数据,当输入"0"时,表示此处之 X、Y 值为绝对坐标。

当所有信息输入完毕后,将游标移至最后一个"STEP"处,并选择"F5:结束点设定"菜单,作为加工时的移位结束点。若没有设定,则会在加工时出现"结束点未设定"的错误信息。编辑完成后选择"Q:离开"菜单,回到如图 2-11 所示的编辑程序界面。

2) 选择图 2-11 编辑程序界面中"F6:自动编辑 Z"菜单,进入自动编辑 Z 界面,如图 2-13 所示。在对话框中输入相应的值后,选择"F2:编辑 Z"菜单,进入编辑 Z 界面,如图 2-14 所示。这时系统会把对话框中的信息根据在自动编辑 Z 时编辑的信息自行计算并输入到相应位置。选择"Q:离开"菜单,根据工件形状及加工要求编辑结束跳升及安全高度(电火花加工时,电极向上运动为负,电极向下运动为正,如果工件上表面为 Z 轴 0 点,结束跳升及安全高度一般要编辑为负值)。再次选择"Q:离开"菜单返回到如图 2-11 所示的编辑程序界面。操作时如果不进入自动编辑 Z 界面进行编辑,也可以直接进入编辑 Z 界面。不过此时对话框中的信息需自行编辑。

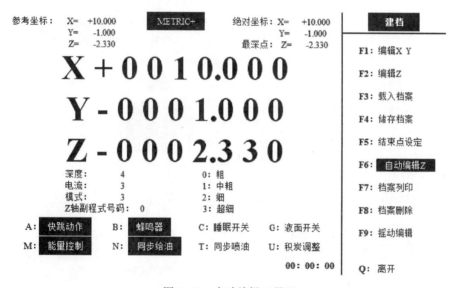

图 2-13 自动编辑 Z 界面

3) 选择图 2-11 编辑程序界面中"F4:储存档案"菜单,输入程序名(只能是数字)后确定,将编辑好的程序储存在计算机上。选择"Q:离开"菜单返回到如图 2-7 所示的主界面。

4) 选择图 2-7 主界面中的"F4:执行"菜单,随后选择"F3:连续加工"菜单,进入自动加工界面,如图 2-15 所示。机床会根据编辑好的程序自行加工。

3. 安全操作规程

1) 开机前检查机械、液压和电气等各部分是否正常;检查面板上各按钮、指示灯是否正常;检查磁性吸盘是否完好、磁吸力是否正常。

2) 查看灭火装置是否可靠。

3) 熟悉所操作机床的结构、原理、性能及用途等方面的知识,按照工艺规程做好加工前的准备工作,严格检查工具电极与工件电极是否都已校正和固定好。

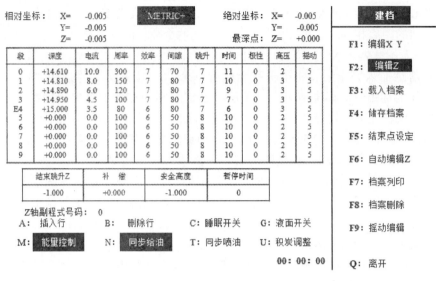

图 2-14 编辑 Z 界面

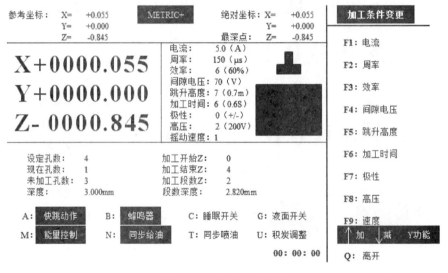

图 2-15 自动加工界面

4) 检查工件，确保工件无因加工或撞击存在变形或毛边后，将符合加工要求的工件置于工作台上；放置时尽可能摆正位置，少移动，避免工作台磨损。用百分表检查工件平行度，调整至符合要求，然后检查工件平面是否水平。

5) 装夹电极前，应先将电极基准四周毛刺去净，减少分中对刀时的误差；将电极基准按图所示，在分好粗精后，方可装上机头。用百分表检查电极平行度，调整至符合要求。

6) 操作者不得乱动电器元件及控制台装置，发现问题应立即停机，通知维修人员检修。

7) 工作时需穿好工作服、戴好工作帽及防护镜。注意：不允许戴手套操作机床。

8) 注意不要在机床周围放置障碍物，工作空间应足够大。

9) 禁止用手触及电极，操作者应站在绝缘橡胶皮或木踏板上。

10) 工作液面，应保持高于工件表面 50~60mm，以免液面过低着火。

11) 在加工过程中，工作液的循环方法根据加工方式可采用冲油或浸油，以免失火。

12) 每天要对机床的主轴、电极夹装置、工作台、操作面板、显示器等各个表面进行擦拭清理。按照机床润滑图表对机床各个部位进行润滑。

13) 定期检查清洗工作液箱内的过滤器有无铁屑泥堵塞，检查工作液泵是否完好无损、声音是否清晰、噪声是否正常。存在问题及时处理。

14) 加工结束后关闭加工电源，关闭工作液泵，电极回退复位，停止主轴。

15) 工作结束或下班时要切断电源，擦拭机床及控制的全部装置，保持整洁，最好用护罩将计算机全部盖好，清扫工作场地（要避免灰尘飞扬），特别是机床的导轨滑动面要擦拭干净，涂油保养，并加好导轨润滑油，认真做好交接班及运行记录。

2.1.3 实训思考题

1. 电火花机床的结构分为几部分？各部分的功能是什么？
2. 电火花机床的基本操作步骤有哪些？
3. 试述如图 2-16 所示工件的电火花加工过程。

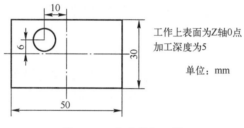

图 2-16 电火花加工图

4. 简述电火花加工的安全操作规程。

2.2 实训二 电火花加工电极的设计

2.2.1 实训目的

了解运用 CAD 软件进行电极设计的方法；理解电极的结构形式；掌握电极设计的原则及方法；能够进行电极的高度尺寸和水平截面尺寸的计算。

2.2.2 实训内容

电极设计是电火花加工中的重要一环，电极设计的好坏直接影响工件的加工速度和质量。在设计过程中，首先分析加工工件的图纸，确定电火花加工部位；其次根据现有的设备、材料、加工工艺等具体情况确定电极的结构形式；再次根据不同的电极损耗、放电间隙等工艺要求完成电极高度尺寸和水平尺寸的计算。

1. 电极的结构形式

一个完整的电极结构通常由加工部分、延伸部分、校正部分、基准角和装夹部分等组成,如图2-17所示。其中,加工部分是电极的核心组成部分,工件表面形状就是由这部分来加工的;延伸部分是在加工部分的边缘按照一定形状延伸的部位,用来防止在加工过程中底座与工件接触导致工件报废;校正部分是用来完成电极的校正及与工件的定位,也称为打表分中位;基准角是用来校核电极与工件的相对方向的;装夹部分是利用相应夹具将电极安装在电火花机床的主轴头上,进行放电加工。

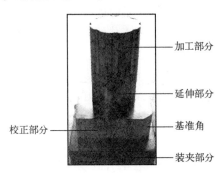

图2-17 电极的结构

在实际生产中,根据型孔或型腔的尺寸大小、复杂程度及电极的加工工艺等来确定电极的结构形式,其中常用的电极结构形式有整体式和镶拼式。

(1)整体式电极

整个电极用一整块材料加工而成,是最常用的结构形式,如图2-18所示。对于体积较大的电极,为了减轻重量,防止主轴负载过大,可在端面钻出多个减轻孔及抽油孔;对于体积小、易变形的电极,可在有效长度部分上部将截面尺寸增大。

(2)镶拼式电极

对于形状复杂的电极,整体加工有困难时,常将其分成几块,分别加工后再镶拼成整体,如图2-19所示。这样既可以保证电极的制造精度,得到了尖锐的凹角,而且还简化了电极的加工工序、节约了材料、降低了制造成本。但在制造中应确保各电极镶块之间的位置准确,配合要紧密牢固。

图2-18 整体式电极

图2-19 镶拼式电极

2. 电极的尺寸

在电火花加工过程中,电极与工件之间存在放电间隙。为了得到符合要求的加工尺寸,电极尺寸的设计至关重要。在设计电极尺寸时,一方面要考虑模具型腔的尺寸、形状和复杂程度,另一方面要考虑电极材料和电参数的选择。若采用单电极平动法加工侧面,还需考虑平动量的大小。电极的尺寸包括高度尺寸和水平截面尺寸。

(1) 电极高度尺寸计算

由图 2-20 所示，可得出工具电极高度的计算公式：

$$H \geqslant I+L$$

式中　H——除装夹部分外的电极高度；
　　　I——高度方向上的有效尺寸，等于型腔深度减去端面放电间隙和电极的端面损耗；
　　　L——电极重复使用所需高度。

(2) 电极水平截面尺寸计算

型腔模工具电极水平截面尺寸缩放示意图，如图 2-21 所示。设计时，应将放电间隙和平动量计算在内，即：

$$a = \pm Kb$$

式中　$\pm$——分别表示电极的"缩和放"，工具电极内凹，电极尺寸增加，取"+"号，工具电极外凸，则电极尺寸减小，取"-"号；
　　　a——工具电极的水平尺寸；
　　　K——与型腔有关的尺寸（双边时 $K=2$，单边时 $K=1$）；
　　　b——电极的单边缩放量。

单边缩放量的计算公式为：

$$b = S + Ra_1 + Ra_2 + z$$

式中　S——单边放电间隙，一般放电间隙在 0.1 mm 左右；
　　　Ra_1——前一电规准时的表面粗糙度；
　　　Ra_2——本次电规准时的表面粗糙度；
　　　z——平动量，一般在 0.1~0.5 mm。

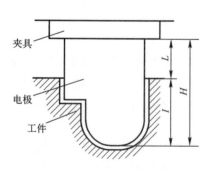

图 2-20　电极高度尺寸计算示意图

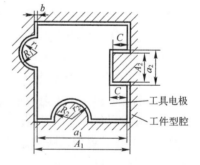

图 2-21　电极水平截面尺寸缩放示意图

(3) 设计实例

如图 2-22 所示，该型腔模的深度为 20 mm，端面放电间隙为 0.1 mm，单边的放电间隙为 0.1 mm，试设计工具电极。

1) 工具电极材料选择：工具电极材料为纯铜。
2) 工具电极平动量确定：工具电极平动量为 0.1 mm。
3) 工具电极高度尺寸计算：$H \geqslant I+L = (20-0.1+10)\,\text{mm} = 29.9\,\text{mm}$
4) 工具电极水平尺寸计算：

$$R = (10+0.1+0.1)\,\text{mm} = 10.2\,\text{mm}$$

$$a_1 = [30-2\times(0.1+0.1)]\,\text{mm} = 29.6\,\text{mm}$$
$$a_2 = [40-2\times(0.1+0.1)]\,\text{mm} = 39.6\,\text{mm}$$
$$a_3 = [16-2\times(0.1+0.1)]\,\text{mm} = 15.6\,\text{mm}$$
$$a_4 = [10-2\times(0.1+0.1)]\,\text{mm} = 9.6\,\text{mm}$$
$$a_5 = 10\,\text{mm}$$

经过工具电极水平尺寸计算,得出工具电极水平尺寸如图2-23所示。

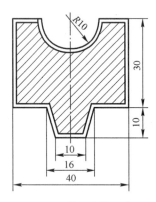 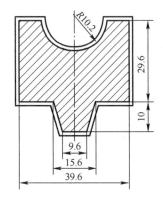

图2-22 某型腔模示意图　　图2-23 某型腔模工具电极水平尺寸计算

3. 电极设计的原则

在实际的电极设计中,很多时候的设计方案并不是唯一的,且并不是每一种方案均有很好的加工效果。好的设计方案不仅能在电极的制造上节约成本,而且在放电加工时也方便省时,对加工成本及加工时间的降低有很好的帮助。而差的设计方案,不仅浪费电极和工件的加工时间,往往还造成工件的加工异常。那么,怎么评价一个设计方案的好坏呢?这是一个仁者见仁、智者见智的问题,很难确定哪个方案是最优的。但是,只有考虑到以下这些方面,电极的设计方案才算较为合理。

1)设计电极时,优先考虑设计整体式结构电极,这对于产品有外观和棱线要求时尤其重要。电火花加工中存在"面积效应",在电极面积较大、加工深度较深、排屑较困难的情况下,应将整体电极分拆成多个电极进行分次加工,否则在加工过程中会出现加工不稳定、加工速度慢、精度难以保证等不良情况。

2)在加工过程中,电极的尖角、棱边等凸起部位相对于平坦部位损耗要快。为提高加工精度,在设计电极时可将其分解为主电极和副电极,先用主电极加工型孔或型腔的主要部位,再用副电极加工尖角、窄缝等部位。

3)对于加工开向部位,应将电极的开向方向延伸相应的尺寸,以保证工件加工后,口部无余料或凸起的小筋,如图2-24所示。

图2-24 电极开向部位延伸

4）对于一些薄、小、高低差很大的电极，在 CNC（数控加工）铣削制作和放电加工中都很容易变形，设计电极时，应采用一些加强电极强度防止变形的方法。

5）电极需要避空的部位必须进行避空处理，避免在电火花加工中发生加工部位以外的放电情况，如图 2-25 所示。

6）尽量减少电极分块的数目。可以合理地将工件上不同的加工部位组合在一起作为整体加工，通过移动主轴坐标实现多处位置的加工，如图 2-26 所示。

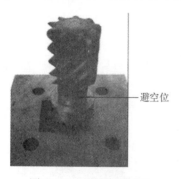 

图 2-25　电极的避空位　　　　　　图 2-26　不同加工部位组合在一起的电极

7）应将加工要求不同的部位分开设计，以满足各自的加工要求。如模具零件中装配部位和成形部位的表面粗糙度和尺寸精度的要求是不一样的，不能将这些部位的电极混合设计在一起。

8）电极应根据需要设计合适的底座（校正部分、基准角、装夹部分），如图 2-17 所示。底座是电火花加工中校正电极和定位的基准，同时也是电极多道工序的加工基准。

9）要考虑电火花加工工艺。如：电极是选用 Z 轴伺服加工、侧向加工还是多轴加工；电极如何便于装夹定位；根据具体情况如何开设排屑、排气孔等。

10）电极数量的确定。电极数量的确定主要取决于工件的加工形状及数量，其次还要考虑工件的材料、加工深度以及加工的面积。对于深度较深、精度较高的部位应把电极分为粗、中、精或粗、精来进行加工。

总之，电极的设计必须保证电火花加工的质量，尽量提高加工效率、降低加工成本。

4. 使用计算机辅助设计软件设计电极

目前，计算机辅助设计与制造技术已广泛应用于制造行业。像 UG、Pro/E、MasterCAM 等设计软件都提供了强大的电极设计功能，减少了手工拆解电极的烦琐工作，与传统的电极设计相比，大大提高了效率。

下面以 UG 软件举例说明。UG NX 10.0 电极设计模块包括初始化电极项目、加工几何体、设计毛坯、电极图纸、电极检查、电极物料清单、创建方块、修剪实体等 21 个功能模块，如图 2-27 所示。

图 2-27　UG NX10.0 电极设计模块

图 2-28 所示为用 UG NX 10.0 软件设计的电极。

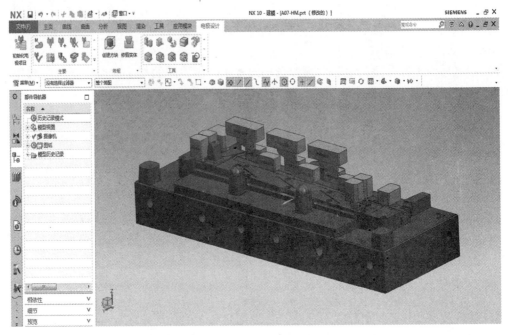

图 2-28　用 UG NX 10.0 软件设计的电极

2.2.3　实训思考题

1. 电极的结构形式有哪些？简述每种结构形式的优缺点。
2. 电极一般由哪几部分组成？每部分的作用是什么？
3. 试述电极设计时的基本原则。
4. 电极尺寸如何确定？

2.3　实训三　电极的装夹与找正

电极的装夹与找正

2.3.1　实训目的

了解电极装夹的常用工具；掌握电极装夹和电极校正的各种方法、要求及注意事项；能够在电火花机床主轴头上正确安装电极、准确的完成电极的校正等一系列操作。

2.3.2　实训内容

电极的装夹与校正是电火花加工操作中的一个重要环节。

1. 电极的装夹

电火花加工机床主轴下方均会自带一种可调式电极夹头，如图 2-29 所示。其装夹部分为 90°直角结构，可将大部分电极夹具稳固地贴在直角结构上，然后用内六角扳手将夹头上的电极夹紧螺栓旋紧,便可完成工具电极的装夹,如图2-29所示。

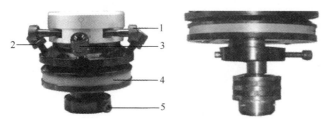

图2-29 可调式电极夹头

1—电极角度旋转调整螺栓　2—左右水平调整螺栓　3—前后水平调整螺栓
4—电极夹头与机体支架的绝缘板　5—电极夹紧螺栓

1)采用标准套筒、钻夹头装夹电极,如图2-30、图2-31所示。适用于圆柄电极的装夹,并且电极的直径要在标准套筒或钻夹头的装夹范围内。

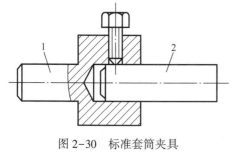
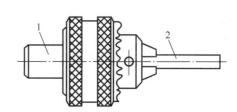

图2-30 标准套筒夹具　　　　　　　　　图2-31 钻夹头夹具
1—标准套筒　2—电极　　　　　　　　　1—钻夹头　2—电极

2)采用螺栓联接固定电极,如图2-32所示。适用于直径较大的圆柱形、方形电极以及几何形状复杂而且在电极一端可以用钻孔套螺纹固定的电极。为了保证装夹的电极在加工中不会发生松动,螺栓上应加入垫圈,并用螺母锁紧。如果只是将螺栓旋入电极的螺纹孔中,有可能在加工中发生松动。

3)采用活动H结构的夹具装夹电极,如图2-33所示。H结构夹具通过螺钉2和活动装夹块来调节装夹宽度,用螺钉1支撑活动装夹块,使电极被夹紧。适用于方形和片状电极。夹口面积较大,不会损坏电极的装夹部位,能可靠地进行装夹。

图2-32 螺栓联接电极　　　　图2-33 活动H结构夹具装夹电极

4)采用电极平口钳夹具装夹电极,如图2-34所示。适用于方形和片状电极,装夹原理与使用平口钳装夹工件是一样，使用灵活方便。电极平口钳夹具可向工具供应商订购。

图 2-34　电极平口钳夹具

5）采用快速装夹定位系统装夹电极（目前，企业常用瑞典的 3R 和瑞士的 EROWA 快速装夹定位系统），如图 2-35 所示。快速装夹系统倡导标准化、自动化、一体化的柔性生产概念，将柔性和刚性完美结合，从源头上控制累积误差，能保证电极重复定位精度为 $2\mu m$，同时大幅度降低机床的停机时间，使设备利用率达到最高点。这种夹具由多个卡盘和电极座组成，一般卡盘至少有两个，一个用于电极制造，可安装在铣床、车床或线切割机床上；另一个安装在电火花机床上，用于工件加工。电极座需要较多，每一个电极用一个电极夹头。

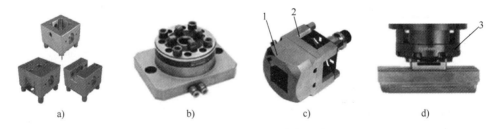

图 2-35　快换式电极装夹系统

a）电极座　b）气动吸盘　c）电极座与卡盘安装　d）卡盘与机床主轴安装

1—电极座　2—卡盘　3—机床主轴

2. 电极的校正

如果采用的是快速装夹定位系统（3R、EROWA），电极在制造时，是电极与夹具为一体的组件，在与电火花机床上配备的工艺定位基准附件相同的加工设备（加工中心、数控车床等）上完成的。工艺定位基准附件同心、同位，并且数控机床都有坐标原点。因此，电极在制作完成后，直接取下电极和夹具的组件装入电火花机床的工艺定位基准附件上，电极无须再进行校正、调节。

由于设备和实际生产条件的限制，目前大多数学校与企业很难完全实现这种一体化的加工模式。因此，还需要亲自完成对电极的校正工作，目前进行电极校正的常用方法有以下几种。

（1）使用校表来校正电极

使用校表来校正电极是实际加工中应用最广泛的校正方法之一。校表由指示表和磁性表座组成，如图 2-36 所示。指示表有百分表和千分表两种，百分表的指示精度为 0.01 mm，千分表的指示精度为 0.001 mm，根据加工精度要求选择合适的校表。电火花加工属于精密加工，一般使用千分表来校正电极。磁性表座用来连接指示表和固定端，其连接部分可以灵活摆成多种样式，使用非常方便。

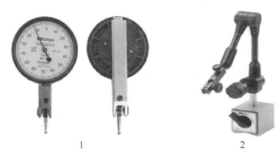

图 2-36　校表的组成
1—指示表　2—磁性表座

先调节可调式电极夹头各调节螺栓，如图 2-29 所示。使电极基准底面处于大概的水平位置，这样可以减少校表时的调节量。将校表的磁性表座固定在工作台上，并将千分表的测头压在电极的基准面上，通过移动坐标轴，观察千分表上读数的变化，如图 2-37 所示。不断调节夹头装置的螺栓，直到电极的平行度和垂直度都符合要求为止。

（2）使用刀口角尺来校正电极

采用刀口角尺校正侧面较长、直壁面类电极的垂直度。校正时，使刀口角尺靠近电极侧壁基准，通过观察它们之间的上下间隙来调节电极夹头，如图 2-38 所示。这种校正电极的方法适用于加工精度不是很高的情况。

图 2-37　用千分表校正电极　　　　图 2-38　用刀口角尺校正电极

（3）火花校正方法

当电极端面为平面时，可用弱电规准在工件平面上放电打印，观察工件平面上放电火花分布的情况来校正电极，直到调节至四周均匀地出现放电火花印为止。采用这种校正方法，可调式电极夹头的调节部位应该是绝缘的，在操作过程中要注意安全，防止触电。再者还需确保加工工件及电极的侧面均是垂直的。这种方法的校正精度不高，并且会对工件侧面造成一定的损伤，只用在加工精度要求比较低的情况下使用。

3. 装夹和校正电极的要求及注意事项

1) 装夹电极前，要对电极仔细检查。如电极是否有毛刺、脏污，形状是否符合加工要求，有无损伤等，另外粗加工和精加工电极不能混淆使用。

2) 装夹电极时要核对加工图纸，装夹方向要正确，采用的装夹方式不能与其他部位发生干涉，且便于加工定位。

3) 用螺钉紧固装夹电极时，锁紧螺钉用力要得当，防止用力过大造成电极变形或用力过小而夹不紧的现象。

4) 装夹细长的电极，在满足加工要求的前提下，伸出部位长度尽可能短，以提高电极的强度。

5) 对于面积、重量较大的电极，由于装夹不牢靠，在加工过程中易发生松动，而产生报废品。因此要求在加工过程中，应适当停机检查电极是否松动。

6) 采用各种装夹电极的方式，都应保证电极与夹具接触良好，具有良好的导电性。

7) 电极的校正精度直接影响加工的形状和位置精度。通常小电极加工的火花间隙比大电极加工的火花间隙要大，这是因为小电极的校正精度很难有大电极那样高。对于加工要求很高的小电极的加工，一定要控制好电极的校正精度。

8) 使用可调式电极夹头校正电极时，拧紧调节螺栓的力度要适当。对于大多数电极的校正，用手稍微用力拧紧即可，不宜用扳手操作。对于重量很大的电极，才适合使用扳手来拧紧，防止加工过程中发生松动。

9) 使用校表来校正电极时，尽量使用绝缘测头的校表，防止测头与电极接触时，机床会报警提示接触感知，一般要解除这种报警才能继续校正。

2.3.3 实训思考题

1. 装夹电极的方法有哪些？每种装夹方法的特点有哪些？
2. 校正电极的方法有哪些？每种校正方法的特点有哪些？
3. 装夹和校正电极时的要求及注意事项有哪些？
4. 在电火花机床上完成一种电极的装夹，并用校表来校正电极。

2.4 实训四 工件的装夹与校正

2.4.1 实训目的

了解电火花加工时工件装夹的常用工具；掌握工件装夹和工件校正的各种方法、要求及注意事项；能够在电火花机床上对不同工件进行合理的装夹；能够正确完成校正工件的操作，并且校正精度能满足加工要求。

工件的装夹与校正

2.4.2 实训内容

1. 电火花加工工件装夹的常用方法

电火花加工的工件装夹与机械切削加工相似，但电火花加工时没有机械加工的切削力，加工过程中电极与工件之间并不接触，具有一定的放电间隙，宏观作用力很小，所以电火花加工的工件装夹一般比较简单。由于工件的形状、大小各异及加工工艺、要求的不同，因此电火花加工工件装夹的方法有很多种。下面介绍在实际加工中常用的工件装夹方法。

(1) 使用永磁吸盘装夹工件

使用永磁吸盘装夹工件是电火花加工中最常用的装夹方法之一。永磁吸盘使用高性能磁钢，通过强磁力来吸附工件，装夹工件牢靠、精度高、装卸方便，是较理想的电火花机床装夹设备。一般用压板把永磁吸盘固定在电火花机床的工作台面上，如图 2-39 所示。

永磁吸盘的磁力通过吸盘内六角孔中插入的扳手来控制。当扳手处于 OFF 时，吸盘表面无磁力，这时将工件放置于吸盘台面，然后将扳手旋转 180°至 ON，即可吸住工件，如图 2-40 所示。永磁吸盘适用于安装面为平面的工件或辅助工具。

图 2-39 永磁吸盘

图 2-40 永磁吸盘装夹工件

(2) 使用平口钳装夹工件

平口钳通过固定钳口对工件进行定位，然后通过锁紧滑动钳口来固定工件。学校和企业常用平口钳，如图 2-41 所示。

对于一些因安装面积小、高度比较高，直接用永磁吸盘装夹不牢靠的工件，或形状特殊的工件，可考虑使用平口钳来进行装夹，然后再将装夹好工件的平口钳安装在永磁吸盘上，如图 2-42 所示。

图 2-41 平口钳

图 2-42 平口钳装夹工件

(3) 使用导磁块装夹工件

导磁块如图 2-43 所示，是放置在永磁吸盘台面上使用的，它通过传递永磁吸盘的磁力来吸附工件。使用时导磁块磁极线与永磁吸盘磁极线的方向要相同，否则导磁块不会产生磁力。

有些工件需要悬挂起来进行加工，比如需加工通孔的工件，就可以采用导磁块来装夹工件。图 2-44 所示为用两个导磁块来支撑工件的两端，使加工部位的通孔处于开放状态，这样既可以方便地加工出工件，又可以改善加工过程中的排屑效果。

(4) 使用正弦磁盘装夹工件

正弦磁盘通过本身产生的磁力来吸附工件，其结构类似于永磁吸盘，如图 2-45 所示。

它通过垫用不同高度的量块来调整斜度，选用量块的具体高度是根据工件的具体斜度角计算得出的。

图 2-43 导磁块

图 2-44 导磁块装夹工件

对于加工平面相对安装面是斜面的工件，比如模具中的斜顶、有一定斜度要求的点浇口等工件，可以采用正弦磁盘来装夹工件，如图 2-46 所示。通过调节正弦磁盘的斜度来实现工件的加工要求。

图 2-45 正弦磁盘

图 2-46 正弦磁盘装夹工件

（5）其他方式装夹工件

上面介绍的是几种常用的电火花加工中工件装夹的方法。除这些方法以外，还有很多其他的装夹方法，如使用三爪定子成形器来装夹圆轴形工件，利用旋转角度的功能可进行分度加工，如图 2-47 所示。某些情况下，也可以采用压板来固定工件等。

由于电火花加工过程中电极与工件之间并不接触，具有一定的放电间隙，宏观作用力很小。因此，对于一些大型模具类零件及重量很大的工件，可以利用工

图 2-47 三爪定子成形器装夹工件

件的自身重量所具备的稳定性，直接将工件放在电火花机床工作台上进行加工。

2. 工件的校正

工件装夹完成后，要对其进行校正。工件校正就是使工件的工艺基准面与机床 X、Y 轴的轴的运动方向平行，以保证工件的坐标系方向与机床的坐标系方向一致。

（1）使用校表来校正工件

使用校表校正工件是在实际加工中应用最广泛的校正方法之一。在 4.3.2 节介绍了使用千分表校正电极的方法，校正工件的方法也是一样的。

将千分表的磁性表座固定在机床主轴或床身适当位置，同时将测头摆放成能方便校正工件的样式；移动相应的轴，使千分表的测头与工件的基准面接触；此时，纵向或横向移动机床坐标轴，观察千分表的读数变化，即反映出工件基准面与机床 X、Y 轴的平行度，如图 2-48 所示。使用铜棒敲击工件的相应部位来调节工件位置，直到满足精度要求为止。

（2）块规角尺校正法

在磁性吸盘上放置两个相互垂直的块规和一把精密的角尺，如图 2-49 所示。一块沿 X 轴方向放置，另一块沿 Y 轴方向放置，块规的一端靠在工件电极上，另一端靠在精密角尺上，这样工件才得以校正。这种方法使用的前提是永磁吸盘的轴线与机床的轴线一致。此方法只适用于加工精度不高的工件。

图 2-48　用千分表校正工件

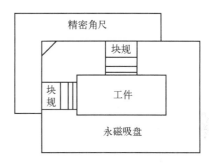
图 2-49　块规角尺校正法

3. 装夹和校正工件的要求及注意事项

1）工件的尺寸大小应在机床工作台的允许范围内，工件重量不能超过机床工作台的允许载荷。重量很大的工件在装夹的过程中要注意保护机床，不要让机床受到猛烈的振动，以免降低机床的精度。

2）用于工件装夹的工作台面精度要求高，装夹工件时要注意保护好工作台面，防止其被划伤。

3）工件装夹时，要按照图纸所示的基准装夹，以方便加工；工件安装的位置应有利于工件的校正，并应与机床的行程相适应，不妨碍各部位的加工、测量、电极更换等。

4）对于小型或加工时间较短的工件，可以考虑在工作台上装夹多个工件进行多工位加工，以提高加工效率。

5）加工过程中需要多次装夹的工件，应尽量采用同一组基准定位，否则，因基准变换，会引起较大的定位误差。

6）应保证工件的基准面与工具的基准面无毛刺、清洁，使工件与工具很好地贴合。装夹时，使用纤维油石轻轻推磨基准面，去除细小毛刺，然后用干净的棉布沾些酒精将基准面擦拭干净。

7）保证工件的装夹变形要尽可能小，尤其要注意细小、精密、薄壁零件的装夹，防止它们产生变形或翘曲而影响加工精度。

8）保证用来装夹工件的工具导电，不能出现绝缘的现象，否则会损伤电极和工件，甚至会损坏机床。

9）用来装夹工件的工具应具有高的精度。使用永磁吸盘装夹工件时，要注意保护吸盘台面，避免工件将其划伤或拉毛，台面需定期打磨，保证其精度。对于使用过的装夹工具

（如平口钳、正弦磁盘等），应及时卸下清洗，做好维护保养。

10）校正工件时，若发现工件有严重变形的情况，则应根据加工精度的要求作出处理，超过精度允许范围时应不予进行加工，防止做无用功。

2.4.3 实训思考题

1. 电火花加工中，装夹工件的方法有哪些？每种装夹方法的特点有哪些？
2. 电火花加工中，装夹和校正工件时的要求及注意事项有哪些？
3. 在电火花机床上完成一种工件的装夹，并用校表进行工件的校正工作。

2.5 实训五 多型腔工件的电火花加工

2.5.1 实训目的

了解多型腔工件的工艺要求；完成工件电火花加工前的准备工作；掌握多型腔工件及类似工件的电火花加工；能够使用电火花机床完成工件的放电加工操作。

2.5.2 实训内容

在实际生产中，常常遇到一个工件有多个部位需要放电加工，尤其在多型腔塑料模具零件的加工中更能体现。如果掌握了多型腔工件的电火花加工，那么也就掌握了一些单型腔工件的电火花加工。

1. 工艺分析

多型腔工件就是在同一工件上加工出多个型腔，如图 2-50 所示。加工此类工件既要保证尺寸精度，又要保证孔与孔之间的位置精度。先根据加工工件的要求，确定工件的基准孔，然后按照工件各孔之间的间距完成其余各孔的加工。

本次实训项目，以图 2-50 所示工件为例，同一行孔与孔之间的距离为等距，孔的加工深度均为 1mm，单边放电间隙为 0.05mm，电极直接制作成 9.9mm×9.9mm 的方形电极。工件上需要加工 10 个孔，左下角的孔为定位孔，绝对坐标的原点在工件的左下角。

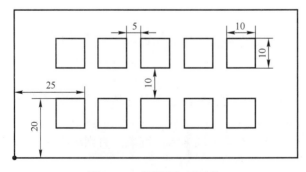

图 2-50 多型腔加工工件

孔形型腔的加工

2. 加工前的准备

1）电极的装夹与校正，参看本章 2.3 实训三的内容。

2）工件的装夹与校正，参看本章 2.4 实训四的内容。

3）坐标原点的设定，即电极与工件的定位。移动相应的机床坐标轴，使电极的右侧面与工件的左侧基准面接触，将机床 X 轴坐标设为 0；移动相应的机床坐标轴，使电极的后侧面与工件的前侧基准面接触，将机床 Y 轴坐标设为 0；移动相应的机床坐标轴，使电极的下端面与工件的上表面接触，将机床 Z 轴坐标设为 0，这样电极与工件的定位工作就完成了。具体操作步骤参看本章 2.1 实训一的内容。

3. 电火花加工程序的编制及加工

使用普通电火花机床加工工件，只需在机床数显表上设定好加工深度，移动机床 X、Y 轴至第一个孔的坐标位置，进行放电加工（具体操作可参看本章 2.1 实训中的普通电火花机床的基本操作步骤）。第一个孔加工完毕后，手动将机床 X、Y 轴移至第二个孔的坐标位置进行加工。以此类推，直到 10 个孔都加工完毕为止。

使用新火花电火花机床加工工件，具体步骤如下。

1）在机床的主界面，如图 2-7 所示，选择"F3：建档"菜单，随后选择"F1：编辑 XY"菜单。依次将每个孔的位移坐标及相关信息输入到对话框中，如图 2-51 所示。编辑完成后，将游标移至最后一个"STEP"位置，选择"F5：结束点设定"菜单，设定加工程序的结束点。设定完毕后，选择"Q：离开"菜单，返回到图 2-11 所示的编辑程序界面。

STEP	X	Y	Z	TIMES
1	+24.950	+19.950	0	1
2	+15.000	+0.000	0	4
3	+0.000	+20.000	0	1
E 4	−15.000	+0.000	0	4

图 2-51 编辑 XY 对话框

2）选择"F6：自动编辑 Z"菜单，在对话框中输入相应的值后进入编辑 Z 界面。这时，工件的加工深度及加工条件会自行输入到对话框的相关位置，如图 2-52 所示。选择"Q"菜单，返回到图 2-11 所示的编辑程序界面。

段	深度	电流	周率	效率	间隙	跳升	时间	极性	高压	摇动
0	+0.840	6.0	180	7	70	7	7	0	2	5
1	+0.900	4.5	100	7	80	7	7	0	3	5
2	+0.940	3.0	60	6	80	7	6	0	3	5
3	+0.970	2.5	45	5	75	7	5	0	3	5
E4	+1.000	2.0	30	5	70	7	4	0	3	5
5	+0.000	0.0	100	6	50	8	10	0	2	5
6	+0.000	0.0	100	6	50	8	10	0	2	5
7	+0.000	0.0	100	6	50	8	10	0	2	5
8	+0.000	0.0	100	6	50	8	10	0	2	5
9	+0.000	0.0	100	6	50	8	10	0	2	5

结束跳升 Z	补偿	安全高度	暂停时间
−1.000	+0.000	−1.000	0

Z 轴副程式号码：0

图 2-52 编辑 Z 对话框

3）选择"F4：储存档案"菜单，将编辑好的数据及坐标值储存起来，选择"Q：离开"菜单，返回到图 2-7 所示的主界面。

4）选择"F4：执行"菜单，随后选择"F3：连续加工"菜单，系统先检查全部的数据，确定无误后，会自动地从第一个孔加工到最后一个孔。若有设定睡眠开关，加工完毕后，机床会自动关闭电源。

2.5.3 实训思考题

编制图 2-53 所示工件的电火花加工的加工工艺单，并利用电火花机床进行加工。

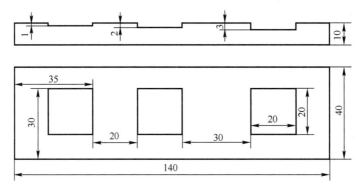

图 2-53 电火花加工工件

第3章

线切割加工技术基础知识

电火花线切割加工和电火花成形加工统称为电加工,人们习惯将电火花线切割加工简称为线切割加工,电火花成形加工简称为电火花加工。利用工具电极(电极丝)和工件两极之间脉冲放电时产生的热能对工件进行尺寸加工。因此,线切割加工与电火花加工的原理基本一致,其特点及应用也有许多相同之处。

3.1 线切割加工的基本原理、特点及应用

3.1.1 线切割加工的基本原理

线切割加工的基本原理是将电极丝连接脉冲电源的负极,将工件连接脉冲电源的正极,利用电极丝与工件之间保持的一定放电间隙,进行脉冲火花放电,产生金属的熔蚀,从而将工件按要求尺寸进行加工成形的一种加工方法。

如图3-1所示,当线切割加工时,电极丝由电动机和导轮带动做图示的运动,工件装夹在可沿X、Y轴方向移动的十字工作台上,由数控伺服机构按照图纸所要求的尺寸控制运动;同时,在电极丝和工件之间,由液压泵喷头不停地浇注工作液。当一个脉冲发生时,电极丝和工件之间因正、负极产生的电场击穿工作液介质,而产生电流,形成火花放电。此时,放电瞬间所产生的温度高达10000℃以上,这一高温足以使工件金属在放电局部熔化甚至气化,熔化后的金属随放电局部迅速热膨胀的工作液和金属蒸气发生微爆炸而抛离工件,从而实现对工件的电蚀切割加工。随着工件的不断移动,电极丝所到之处不断被电蚀,最终实现整个工件的尺寸加工。

电火花放电的时间很短,一般小于10^{-3} s(在$10^{-7} \sim 10^{-5}$ s之间),相当于一瞬间,使放电所产生的热量来不及从放电点传导扩散到其他部位,只在极小的范围内使金属熔化,直至气化。

一个完整的脉冲放电过程可分为5个连续的阶段:电离、放电、热膨胀、抛出金属和消电离。

(1)电离

由于工件和电极表面存在着微观的凹凸不平,在两者相距最近的点上电场强度最大,会

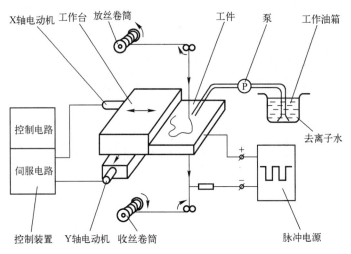

图 3-1 线切割加工原理图

使附近的液体介质首先被电离成电子和离子。

(2) 放电

在电场力的作用下,电子高速奔向阳极,离子奔向阴极,并在运动中相互碰撞,产生火花放电,形成放电通道,如图 3-2 所示。在这个过程中,两极间液体介质的电阻从绝缘状态的几兆欧姆骤降到几分之一欧姆。由于放电通道受放电时磁场力和周围液体介质的压缩,其截面积极小,电流强度可达 $10^5 \sim 10^6$ A/cm²。

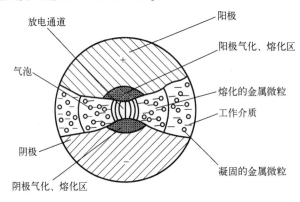

图 3-2 放电状况微观图

(3) 热膨胀

由于放电通道中分别朝着正极和负极高速运动的电子和离子相互间发生碰撞,产生大量的热能;再加上高速运动的电子和离子流分别撞击工件和电极的表面,将动能也转化为热能,这样在两极之间沿通道就形成了一个温度高达 10000~12000℃ 的瞬时高温热源。在该热源作用区的电极和工件表面层金属会很快熔化、甚至气化。而电流通道周围的液体介质一部分被气化,另一部分被通道作用区的高温热源分解为游离的炭黑和氢气(H_2)、乙炔(C_2H_2)、乙烯(C_2H_4)、甲烷(CH_4)等物质。这些气化后的金属和工作液介质蒸汽在瞬间($10^{-7} \sim 10^{-5}$ s)热量来不及散发,成为气泡,迅速膨胀、爆炸,使电极和工件间冒出小气泡和黑色的液体,同时溅出闪亮的火花,并伴随着清脆的噼啪声。

(4) 抛出金属

由于热膨胀所具有的爆炸特性,可将熔化和气化后的金属残渣通过爆炸力抛入工作液中,冷却、凝固成细小的圆球状颗粒(直径一般约为 0.1~500 μm 不等),而在电极表面则形成了一个周围凸起的微小圆形凹坑。

(5) 消电离

使放电区的带电粒子复合为中性粒子的过程,称为消电离。在火花放电的过程中,通过热膨胀的爆炸性并不能将所有的腐蚀残渣全部抛出工件和电极的放电区。在一次脉冲放电后应有一段间隔时间,使间隙内的介质来得及消电离而恢复绝缘状态,让电蚀产物尽快排除,以实现下一次脉冲放电。如果电蚀产物和气泡来不及快速排除,就会改变间隙内介质的成分和绝缘强度,破坏消电离过程,易使脉冲放电转变为连续电弧放电,影响加工。

一次脉冲放电之后,两极间的电压急剧下降到接近于零,间隙中的电介质立即恢复到绝缘状态。当第二次脉冲放电时,两极间的电压再次升高,在工件和电极靠得最近的点再一次发生上述脉冲放电的过程。以此类推,随着工件的不断移动,电极丝所到之处不断被电蚀,最终实现整个工件的尺寸加工。

3.1.2 线切割加工的特点

线切割加工与电火花加工的工艺和原理有较多的共同点又有各自的特性。

1. 共同特点

1) 两者的加工原理相同,都是通过电火花放电产生的热来溶解去除金属的,加工过程中工件与电极之间有一定的脉冲放电间隙(线切割加工中单边放电间隙通常为 0.01 mm)相互之间不接触,因此两者加工过程中都不存在显著的机械切削力。

2) 可以加工用普通的机械加工方法难以加工或无法加工的特殊材料和复杂形状的工件。不受材料硬度和热处理状况影响。

3) 都属于半精、精加工范畴。

2. 不同特点

1) 线切割加工所使用的电极丝(如钼丝或铜丝等)即为工具电极,它比电火花加工必须制作成形用的电极(一般用纯铜、石墨等材料制作而成)有着简单、易制、成本低等优点。

2) 线切割加工中电极丝很细(一般为 0.08 mm~0.2 mm),放电腐蚀去除的材料很少,所以材料的利用率很高,特别是用它来切割贵重金属时,可以节省材料,减少浪费。而电火花加工须先用数控加工等方法加工出与产品形状相似的电极。

3) 线切割加工中的电极丝损耗较小,因而对加工精度影响较小。而电火花加工中电极相对静止,易损耗,故通常使用多个电极加工。

4) 线切割加工只能加工通孔,能方便加工出小孔、形状复杂的窄缝及各种形状复杂的零件。而电火花加工除了可以加工通孔,还可以加工不通孔,特别适宜加工形状复杂的塑料模具等零件的型腔及蚀刻文字、花纹等。

5) 线切割加工所用的工作液为乳化液或去离子水等,不会发生火灾,且电参数一旦选定,中途不必更换,一次成形。所以可以一人多机操作或昼夜无人连续加工,大大节约了劳动力成本。

3.1.3 线切割加工的应用范围

线切割加工在现代制造业中占据着很重要的地位,部分加工产品如图3-3所示。线切割加工的应用范围如下。

图3-3 线切割加工产品实例

1)各种模具的加工。线切割加工广泛地用于加工精密、细小、形状复杂或材料特殊的冲模,如凸模、凹模、凸模固定板和凹模卸料板等;还可以用来加工带锥度的挤压模、塑压模、弯曲模、注塑模、冷拔模及粉末冶金模的模具。

2)科研和生产过程中直接加工零件、样板和夹具。可以用来加工各种型孔、凸轮、成形刀具、微细孔、异形槽、任意曲线、窄缝和电子器件、激光器件的微孔等;在不制模的情况下,可直接用线切割加工切割特殊、复杂的工件,如微电动机硅钢片定转子铁心,可用线切割直接切割出来,既缩短了周期,又大大地降低了成本;还可以用来加工像加工螺纹时用的螺纹刀、安装用的对刀块、检测外圆锥度的锥度样板、成形加工时所用的成形样板等薄片样板,且这些薄片零件加工时,常常可以将多块薄片材料叠加在一起,一次性割出,可大大提高生产率。

3)可与电火花加工机床配套,加工各类形状复杂的铜钨、银钨等合金类的工具电极,既省时,又降低了成本。

3.2 线切割加工工艺

线切割加工一般是作为工件加工中最后的工序。为了能在一定条件下,使线切割加工以最少的劳动量、最低的成本,在规定时间内,可靠地加工出符合图样要求的加工精度和表面粗糙度的零件,必须要先制定出合理的、切实可行的数控线切割加工工艺规程来指导生产,这样才能达到预定的加工效果,提高加工生产率。线切割加工的工艺规程大致分以下几个步骤,如图3-4所示。

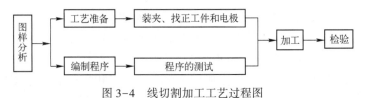

图3-4 线切割加工工艺过程图

3.2.1 图样分析

接到加工任务后,先对零件图纸进行分析和审核,主要可从两个方面着手。

(1) 分析被加工零件的形状是否可用现有的线切割机床和加工方法加工

1) 被加工零件必须是导体或半导体材料的零件。

2) 被加工零件的厚度必须小于丝架跨距,长、宽必须在机床 X、Y 工作台的有效行程之内。

3) 加工零件所有窄缝必须大于等于电极丝直径 d 加两倍的单边放电间隙 δ 的大小,如图 3-5 所示。

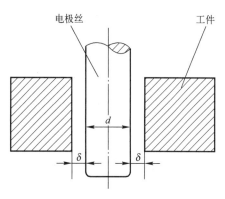

图 3-5 窄缝宽度示意图

(2) 分析被加工零件的加工精度和表面粗糙度。

分析零件图样上尺寸精度和表面粗糙度要求的高低,合理确定线切割加工的有关工艺参数,特别是在确定工艺参数确保表面粗糙度要求时,注意对线切割速度的影响,确保均衡。

3.2.2 工艺准备

工艺准备的内容很多,包括工件的准备、电极丝的准备、工作液的选配、电参数的选择、机床的检验和润滑等。

1. 工件的准备

(1) 毛坯材料的选定及处理

工件材料是设计时确定的,模具加工时,通常要求:一方面选用淬透性好、锻造性能好、热处理变形小的材料作为线切割的锻件毛坯,如合金工具钢 Cr12、Cr12MoV、GCr15、CrWMn、Cr12Mo 等;另一方面,模具坯件大多数为锻件,在毛坯中可能会存在剩余应力,所以切割前应先安排淬火和回火处理,释放应力,这样可避免在大面积切除金属和切断加工时,因受材料淬透性影响,材料内部残余应力的相对平衡遭到破坏,造成工件变形,导致加工工件的尺寸精度无法保证,甚至在加工过程中出现材料开裂等现象。另外加工前还需进行消磁和去除表面氧化层的处理。

(2) 工件基准面的准备

线切割加工时,为便于安装校正和加工的需要,必须预加工出相应的基准,并尽量使其与设计基准保持一致。如矩形工件,其加工和校正基准重合,如图 3-6 所示。必须预加工出两个互相垂直的基准面 A、B,且基准面 A、B 垂直于上、下底平面。对于图 3-7 所示的工件,工件侧面为校正基准,内孔为加工基准,必须加工出垂直于上、下平面的基准面 A 或 B。

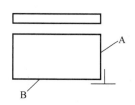

图 3-6 矩形工件的校正和加工基准图

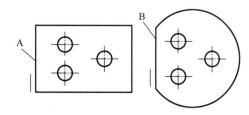

图 3-7 外形侧边为校正基准,内孔为加工基准

（3）穿丝孔的准备

在模具加工中，凹模类封闭形工件为确保工件的完整性，必须在切割前预加工穿丝孔。凸模类零件，则为防止坯件材料切断时破坏材料内部应力的平衡而产生变形，甚至出现夹丝、断丝的情况，一般有必要在切割前预加工穿丝孔。

在切割小孔形凹模类工件时，穿丝孔一般定在凹形的中心位置，便于定位和计算。切割凸形工件或大孔形工件时，穿丝孔一般定在切割起始点位置附近，可减少无用切割的行程，如定在便于运算的已知坐标点上会更好。

穿丝孔的直径大小必须适中，一般为 3~10mm 范围内，如预制孔可钻削，则孔径还可适当大些。

2. 切割路线的确定

在线切割加工中，切割线路的确定尤为重要，它直接影响加工的精度，如图 3-8 所示。图 3-8a 所示首先切割的是主要连接部位，一旦割开，刚性降低，后三面加工时易变形，影响加工精度。一般情况下，最好将工件与夹持部分的主要连接部分的线段留在切割的最末端进行，如图 3-8b 所示，但该图由于从坯件外部切入，虽然变形减少，但仍不理想，最好是采取图 3-8c 所示的方式，起始点从预制穿丝孔开始，这样变形最小。

另外还可采用二次切割的方法切割孔类零件，如图 3-9 所示，按照第一次切割线路进行粗割，留余量 0.1~0.5mm，以补偿材料切割变形；第二次，按图样要求精割，去除余量，这样效果较佳。

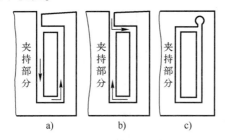
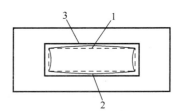

图 3-8 切割起始点和切割线路安排示意图
a）不正确 b）不理想 c）最好

图 3-9 二次切割孔类零件示意图
1—第一次切割线路 2—第一次切割后的实际图形
3—第二次切割的图形

3. 电极丝的准备

电极丝的种类较多，常用的有钼丝、钨丝和铜丝等。各种电极丝由于材料不同，所以其特点、适用场合和线径等各有差异，使用时应根据加工对象、机床的要求和线电极的特点进行选择。

钼丝，其特点是抗拉强度高，线径一般在 0.08~0.2mm 范围内，常用于快速走丝机床。如加工微细、窄缝时，也可用于慢速走丝机床。

钨丝，其特点是抗拉强度高，价格昂贵，线径一般在 0.03~0.1mm 范围内，常用在慢速走丝机床上对窄缝进行微细加工。

铜丝又分为纯铜丝、黄铜丝和专用黄铜丝等，它们因抗拉强度低，常用于慢速走丝机床。其中纯铜丝的特点是易断丝，但不易卷曲，一般线径在 0.1~0.25mm 范围内，适合于精加工，且切割速度要求不高的场合；黄铜丝线径一般在 0.1~0.3mm 范围内，适用于高速加工，其加工面的平直度较好、蚀屑附着少、表面粗糙度较好；专用黄铜丝线径一般在 0.05~0.35mm 范围内，适用于自动穿丝加工或高速、高精度和理想表面粗糙度的表面加工。

另外，在慢速走丝机床上还可用铁丝、专用合金丝、镀层丝（如镀锌等）等作为电极丝进行加工。

电极丝的直径选择应根据被加工工件切缝的宽窄、工件的厚度以及工件切缝拐角尺寸的大小等因素来选择。如加工小拐角、尖角时，应选用较细的电极丝，加工厚度较大的工件或大电流切割时，应选用较粗的电极丝。

4. 工作液的选配

线切割加工中常通过使用工作液来改善切割速度、表面粗糙度和加工精度等。线切割加工使用的工作液必须具备一定的绝缘性、较好的洗涤性和冷却性。且必须对人体无危害，对环境无污染。如矿物油（煤油）、乳化液、纯水（去离子水）等都可以用作线切割加工的工作液，其中煤油因易燃烧，所以不常用，乳化液主要用于快速走丝线切割机床，它由基础油、乳化剂、洗涤剂、润滑剂、稳定剂、缓蚀剂等先混合而成乳化油，再按一定比例（一般在 5%~20% 范围内，5%~20% 的乳化油中加入 95%~80% 的水）在乳化油中加入自来水（如在 0℃ 以下时，可先用少量的湿水冲入）搅拌均匀，即成了乳化液。其中乳化油含量为 10% 的乳化液可得到较高的线切割速度。纯水主要用于慢走丝线切割机床，为防止对工件的锈蚀和提高切割速度，可以在纯水中加入防锈液和各种导电液，以增加工作液的电阻率。

5. 电参数的选择

线切割加工时，所选的电参数是否合理，将直接影响切割速度和表面粗糙度。如选小的电参数，可获得较好的表面粗糙度；如选用大的电参数，使单个脉冲能量增加，可获得较高的切割速度。但单个脉冲能量不能太大，太大会使电极丝允许承载的放电电流超限，从而造成断丝。一般情况下，脉冲宽度的选择在 1~60μs，脉冲重复频率约为 10~100KHz。选窄脉冲宽度、高重复频率，可使切割速度提高，表面粗糙度降低。快速走丝线切割电参数选择，见表 3-1。

表 3-1 快速走丝线切割加工电参数选择

应用	脉冲宽度/μs	脉冲间隙/脉冲宽度	峰值电流/A	空载电压/V
快速切割或厚工件加工	20~40	3~4 以上（可实现稳定加工）	>12	一般为 70~90
半精加工 $Ra=1.25~2.5\mu m$	6~20		6~12	
精加工 $Ra<1.25\mu m$	2~6		<4.8	

6. 机床的检验和润滑

开机前，必须对整个机床进行检查，检查各油管接头、软管是否接牢，工作油箱内工作液是否盛满，检查输入信号是否与移动速度一致，检查工作台纵、横向手轮在全行程内转动是否灵活，将工作台移至中间位置，检查储丝筒拖板往复移动是否灵活，并将储丝筒拖板移至挡板在行程开关的中间位置等。对各个润滑点按润滑要求注入润滑油，确保无故障后才能正常操作。

3.3 影响线切割加工工艺指标的主要因素

3.3.1 线切割加工主要工艺指标

线切割加工的主要工艺指标包括线切割加工速度、线切割加工精度、线切割表面粗糙度及电极丝的损耗量。

1. 线切割加工速度

线切割加工速度是指在保持一定的表面粗糙度的前提下,单位时间内,电极丝切割工件的总面积。用公式表示为:

$$v_x = \frac{S}{t} = \frac{l \times h}{t} = v_j \cdot h \tag{3-1}$$

式中　v_x——线切割的加工速度,单位为 mm^2/min;

　　　S——线切割面积,单位为 mm^2;

　　　t——切割 S 所用的时间,单位为 min;

　　　l——电极丝切割的轨迹长度,单位为 mm;

　　　h——被切割工件的厚度,单位为 mm;

　　　v_j——电极丝沿图形切割轨迹的进给速度,单位为 mm/min。

最高切割速度是指在不计切割方向和表面粗糙度等的条件下,所能达到的切割速度。通常快走丝线切割速度为 $40 \sim 120 \, mm^2/min$。

2. 线切割加工精度

线切割加工精度是指被加工工件通过切割加工后,其实际几何参数(尺寸、形状和相互间的位置等)与理想几何参数相符合的程度。

快走丝线切割的加工精度可控在 0.015~0.02 mm 范围内;慢走丝线切割的加工精度可达 0.002~0.005 mm 范围内。

3. 线切割的表面粗糙度

线切割的表面粗糙度通常是指在已加工表面的实际轮廓上,确定一个取样长度,该取样长度内实际轮廓上各点到基准线距离的绝对值的算术平均值 Ra。

快走丝线切割时,Ra 可达 $0.63 \sim 2.5 \, \mu m$ 范围内,慢走丝线切割时 Ra 一般为 $0.3 \, \mu m$ 左右。

4. 电极丝损耗量

对快走丝线切割机床,电极丝损耗量用电极丝在切割 10000 mm^2 面积后电极丝直径的减少量来表示。一般不应大于 0.01 mm。

3.3.2 线切割加工的切割速度及其主要影响因素

线切割加工的切割速度,是用来反映加工效率的一项重要指标。也有用线切割沿图形加工轨迹的进给速度,作为线切割加工的切割速度。但是对不同的工件厚度,这个进给速度是不一样的。因此,采用线电极沿图形加工轨迹的进给速度乘以工件厚度来表示电火花线切割加工的切割速度是比较理想的。也就是用线电极的中心线在单位时间内,机床的 X 轴和 Y

轴电动机驱动工作台相对线电极移动的距离乘以工件的厚度。即切割速度＝加工进给速度×工件厚度。

切缝的宽窄，对加工的快慢有一定的影响，但它主要取决于线电极的直径，即线径粗，切缝宽，需要蚀除的金属量就大。反之切缝狭窄，需要蚀除的金属量就少。在线切割加工中，使用的电极丝的直径很细，切缝一般都小于0.3mm。较粗的电极丝可使用较大的电参数，这样有利于切割速度的提高。因此在线切割加工中，使用切割速度，而不用金属蚀除量来表示它的工作效率，这样更为方便。

影响电火花线切割加工速度的因素很多，主要有脉冲电源、电极丝、工作液、工件和数控进给的控制方式等，如图3-10所示。下面就对这些因素进行分析。

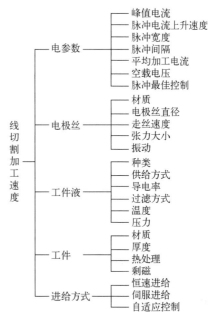

图3-10 影响线切割加工速度的主要因素

1. 脉冲电源对切割速度的影响

（1）峰值电流的影响

峰值电流的影响就是单个脉冲能量对加工速度的影响，单个脉冲能量是与峰值电流的1.4次方成正比。因此，增大脉冲电源的峰值电流对提高线切割速度是有效的，如图3-11所示。

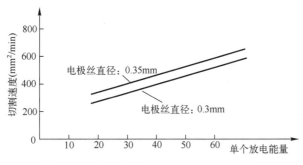

图3-11 单个放电能量与切割速度的关系

（2）平均加工电流的影响

平均加工电流是指在放电时间内，放电电流的算术平均值。切割速度大致跟平均加工电流成正比例地增加，如图3-12所示。但是增大平均加工电流可用增大峰值电流或缩短脉冲周期的方法来达到，但是缩短脉冲周期，由于容易产生短路或不正常的放电，又会使切割速度下降。

（3）脉冲电流上升速度对切割速度的影响

脉冲电流上升速度越快，切割速度越高。图3-13是脉冲电流上升速度与切割速度的关系。

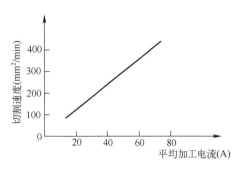

图 3-12 平均加工电流与切割速度的关系

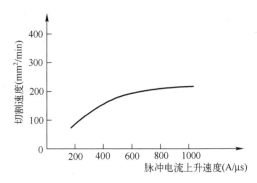

图 3-13 脉冲电流上升速度与切割速度的关系

(4) 脉冲电流空载电压对切割速度的影响

要使加工间隙产生电火花放电击穿，需要一定的电场强度。而线电极与工件之间的放电间隙，不能太小，否则容易产生短路，也不利于冷却和电蚀物的排除。因此脉冲电源电压不能太低，否则就难以维持稳定的加工。提高脉冲电流空载电压，可增大放电间隙，这样有利于冷却和排屑，切割速度会相应提高。图 3-14 表示了空载电压和切割速度的关系。但是过高的电压，会使加工间隙过大，切割速度反而下降。尤其在高效切割时，容易产生集中放电和拉弧，引起断丝，因此脉冲电源电压也不能太高。快速走丝的空载电压一般为 75 V 左右，而慢速走丝一般为 150 V 以下。

(5) 脉冲宽度对切割速度的影响

在其他加工条件相同的情况下，切割速度是随着脉冲宽度（脉冲持续时间）的增加而增加的，如图 3-15 所示。但是当脉冲宽度增加到一定范围之后，切割速度反而会下降。这是由于脉冲宽度的增加，蚀除量也增加，排屑条件变差，加工不稳定，影响了切割速度。

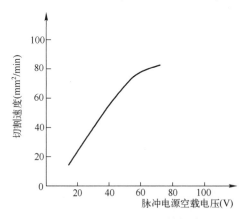

图 3-14 空载电压与切割速度的关系

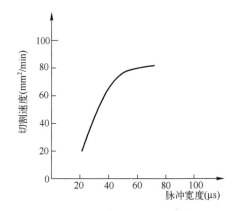

图 3-15 脉宽与切割速度的关系

(6) 脉冲间隔对切割速度的影响

在其他加工条件相同的情况下，减小相邻两个脉冲之间的时间，相当于提高了脉冲频率，增加了单位时间内的放电次数，使切割速度提高。但是当脉冲间隔减小到一定程度之后，加工间隙的绝缘强度来不及恢复，破坏了加工的稳定性，使切割速度反而下降。另外，如果将间隔增加得太大，这样会减小单位时间内的放电次数，消耗的能量大，也会使切割速度下降。因此，加工时应选择一个恰当的脉冲间隔。

在线切割过程中,电蚀产物不断产生,切割速度越高,电蚀产物越多。如果不能及时排除,一方面由于二次放电,使切割速度下降;另一方面容易引起断路和拉弧,使加工不稳定,甚至会产生电极丝被电弧烧断的危险。假如脉冲电源这时能自动地调节脉冲电源的参数,使加工间隙能迅速地恢复绝缘强度,这样就能连续维持稳定的加工,以保持较高的切割速度。

2. 电极丝对切割速度的影响

(1) 电极丝直径对切割速度的影响

目前线切割加工中,使用的电极丝直径,一般在 0.03~0.35 mm 这个范围。由于不同材料的抗拉强度不同,小于某一直径,电极丝会因抗拉强度低而不适合使用。一般黄铜丝线径为 0.1~0.35 mm;钼丝为 0.06~0.25 mm;钨丝为 0.03~0.25 mm。线切割加工的加工面积是切缝宽和工件厚的乘积。切缝宽是由电极丝直径和放电间隙决定的,所以电极丝直径越小,其加工量就越少。但是电极丝直径变小,允许通过的电流就会变小,切割速度会随电极丝直径的变小而下降。另一方面,如果增大电极丝的直径,允许通过的电流就可以增大,加工速度变大。电极丝允许通过的电流是跟电极丝直径的平方成正比,而切缝宽仅与线电极的直径成正比,因此切割速度与电极丝直径是成正比地增加。图 3-16 是电极丝直径与切割速度的关系。由图可知,电极丝直径越大,切割速度越快,而且还有利于厚工件的加工。但是电极丝直径的增加,受到加工工艺要求的约束;另外增大加工电流,加工表面的粗糙度会变差,所以电极丝直径的大小,要根据工件厚度,材料和加工要求进行确定。

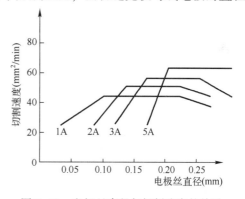

图 3-16 电极丝直径与切割速度的关系

(2) 电极丝张力大小对切割速度的影响

电极丝的张力越大,切割速度越高。这是由于电极丝拉得紧时,电极丝振动的振幅变小,加工的切缝变窄,也不易产生短路,节省了放电的能量损失,使进给速度加快。增加电极丝张力,加工速度上升,但是过大的张力,易造成断丝,而使加工速度下降。一般线切割加工中使用线电极的张力为 8 N 左右,但是目前的一些慢走丝线切割机床,使用线切割专用电极丝,抗拉强度提高,可使张力提升到 8~17 N 之间,以满足高速度的需要。

(3) 电极丝的走丝速度对切割速度的影响

电极丝通过加工间隙的走丝速度的快慢会影响电极丝在加工区的逗留时间,以及在这一逗留期间的放电次数。走丝速度快,逗留时间短,承受的放电次数少,放电所产生的热量对电极丝的影响小;另外,提高电极丝的走丝速度,使工作液易被带入狭窄的加工间隙,加强对线电极的冷却,这样可允许同一直径的电极丝通过更大的电流,使切割速度提高;其次提高电极丝的走丝速度,易将放电间歇中的电蚀产物带到间隙外,间隙迅速恢复绝缘状,减少了二次放电和电弧放电,提高了能量的利用率,因此有利于提高切割速度。我国的快速走丝电火花切割机,就具有这方面的优势,能充分提高能量的利用率和切割速度。在慢走丝切割机上,一般走丝速度在 3~12 m/min,如果提高到 25 m/min 以上,由于电极丝的振动而产生微观短路,相反会使切割速度下降。

（4）电极丝振动对切割速度的影响

电极丝在加工中，当振幅很小时，可提高切割速度。因此，在慢走丝切割机床上，有时会在电极丝上加一个可控振幅的微弱振动器，实现所谓的"清洁加工"，使切割速度有明显的提高，尤其对精加工，此举效果更明显。但是，振幅太大或不规则的振动，易造成与工件之间的短路，反而使切割速度下降和易出现断丝。所以要尽量减小机床和走丝系统的振动，以利于切割速度和精度的提高。

3. 工作液系统对切割速度的影响

（1）不同工作液对切割速度的影响

在快速走丝线切割加工中，不同的乳化液有不同的切割速度，乳化液中的乳化剂对切割速度的影响很大。表3-2是乳化剂浓度对切割速度的影响，而表3-3是不同乳化剂对切割速度的影响。一般乳化液中的乳化剂含量要在10%以上。

表3-2　乳化剂浓度与切割速度的关系

乳化剂浓度	脉宽/μs	间隔/μs	电压/V	电流/A	切割速度/(mm²/min)
10%	40	100	87	1.6~1.7	41
	20	100	85	2.3~2.3	44
18%	40	100	87	1.6~1.7	36
	20	200	85	2.3~2.3	37.5

表3-3　不同乳化剂对切割速度的影响

乳化剂	脉宽/μs	间隔/μs	电压/V	电流/A	切割速度/(mm²/min)
Ⅰ	40	100	88	1.7~1.9	37.5
	20	100	86	2.3~2.5	39
Ⅱ	40	100	87	1.6~1.8	32
	20	100	85	2.3~2.5	36
Ⅲ	40	100	87	1.6~1.8	49
	20	100	85	2.3~2.5	51

（2）工作液压力对切割速度的影响

提供适当的工作液压力，可有效地排除加工屑，同时可增强对电极丝的冷却效果。目前在高速加工中，加工工作液的压力，高达10~15个大气压（1~1.5 MPa）。

4. 工件对切削速度的影响

（1）工件材质对切削速度的影响

不同材质的工件，其切割速度有很大的差别。切割合金的速度比较高，而切割硬质合金、石墨以及聚晶等材质的速度就较低。

（2）工件厚度对切割速度的影响

工件越厚，在进给面的加工面积就越大。对线切割加工来说，面积效应会有利于提高切割速度。图3-17是工件厚度与切割速度之间的关系。由图3-17可知，当工件厚度增加到一定程度之后，切割速度反向会降下来，这是由于随着工件厚度的增加，排渣条件变差，迫使性能不高的线切割机床的切割速度下降。随着控制技术的发展，在加工过程中，可根据工件的不同厚度自动地进行参数的转换，使一定厚度的工件，在厚度变化时对切割速度的影响变得很小。

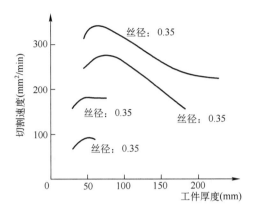

图 3-17 工件厚度与切割速度的关系

除工件材质和厚度对切割速度有影响外，锻造过程中的不均匀、热处理不好，以及在磨削加工后的剩磁等，都会影响切割速度，所以对线切割加工前的各项工序，一定不能疏忽。

3.3.3 线切割加工的加工精度及其主要影响因素

线切割加工精度大致可分为4个方面：加工面的尺寸精度、间距尺寸精度、定位精度和角部形状精度。

影响线切割加工精度的因素有很多，主要有脉冲电源、电极丝、工作液、工件材料、工件进给方式、机床和环境等因素。图 3-18 所示是影响线切割加工精度的主要因素。

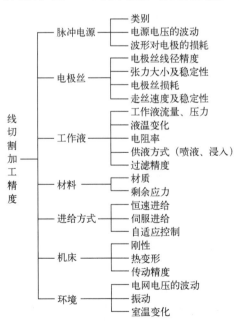

图 3-18 影响线切割加工精度的主要因素

1. 影响尺寸精度的主要因素

切缝误差是影响线切割加工形状尺寸精度的重要因素之一。在其他条件不变的情况下，它与脉冲电源电压、峰值电流、脉宽、间隔都有密切的关系，图 3-19 所示为切缝宽度与空载电压的关系，空载电压高，切缝宽；空载电压越低，切缝越窄，加工切缝的变化也就相对地减小。因此，其加工面的平直度和形状精度都可得到改善。

图 3-20 是切缝宽度与平均加工电压的关系，它是采用恒速度进给，改变加工电流参数的条件得出的关系。由图可知平均加工电压对加工槽宽的影响较大，降低加工电压，使切缝变窄，有利于提高加工精度。

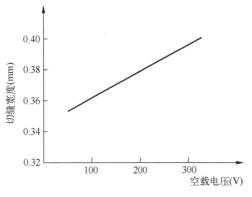

图 3-19 切缝宽度与空载电压的关系　　图 3-20 切缝宽度与平均加工电压的关系

图 3-21 是切缝宽度与加工进给速度的关系。进给速度快，切缝窄。由图可以看出，由于采用伺服进给方式，即使进给速度有较大的变化，切缝宽度的变化也只有 8 μm 左右。恒速度进给方式与伺服方式相比较，伺服进给方式受加工电参数和切割速度的变化影响要少。所以采用伺服进给方式，既有利于提高切割速度，也有利于提高加工精度。在不影响断丝的情况下，应尽量提高加工的进给速度。

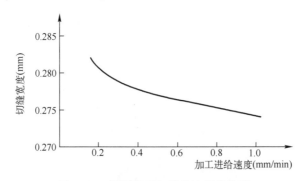

图 3-21 切缝宽度与进给速度的关系

工件厚度的不同，也会影响切缝的大小。在其他条件相同的情况下，工件越厚，切缝越宽。

室温的变化也会影响机床各部分以及工件尺寸的变化，要进行高精度的加工，必须对放置切割机床的车间的室温进行严格控制。

2. 影响加工平直度的各种因素

所谓平直度是指沿工件垂直方向的上中下的尺寸误差。上面已提到电极丝的振动对平直度的影响，减少电极丝的振动，对提高电极丝的张力是有效的。

为了减少工件沿垂直方向的平直度（腰鼓度）的误差，在安装工件时，应尽量使工件跟上、下导向器的距离基本一致，以减少加工工件上、下端部的尺寸误差。

在加工厚工件时，进给速度会降低，而且中部的电蚀物层会使它的电阻率下降，这样就增大了平直度的误差。电极丝的走丝速度如果太慢也将影响平直度的误差。走丝速度慢，电极丝在加工中易产生损耗，使进入加工区的线电极由粗变细，造成被加工的工件上部和下部的尺寸不一样，而产生平直度误差。

3. 影响间距精度的主要因素

线切割加工的间距误差，主要取决于机械精度、室温变化、工件内部的残余应力、工作液的电阻率和电源参数的变化，而数控装置的精度目前比较高，可以不必考虑其影响。

在加工级进模或复合模时，间距尺寸非常重要。为了获得较高的间距精度，需要有较高精度的线切割加工机床，而且要有较好的环境恒温条件，对工作液要实行温控，对工件要进行热处理高温回火以消除残余应力，在加工时采用多次切割的方式，是提高间距精度的有效措施。

4. 定位精度及其主要影响因素

线切割加工的定位方法，分为以孔为基准和以端面为基准的两种方法。它们都采取自动定位，由电极丝与工件的电接触进行鉴别。工件基准面的状态、电极丝的张力以及工作台的惯性都会给定位精度带来一定的影响。

5. 角部形状精度及影响因素

由于电极丝的半径尺寸和放电间隙的原因，无法使凹模的内拐角加工成尖角，加工尖角会被倒圆。同时由于放电力的作用，电极丝产生滞后，在拐角处产生塌角现象，使圆弧及拐角在加工时造成圆弧误差和拐角误差。为了克服局部加工误差，可利用计算机自动控制角部变化的功能，采用最佳加工速度和自动转换加工条件（峰值电流，脉宽，部隔）的自适应控制，可使角部误差减小到最小。

3.3.4 线切割加工表面粗糙度及其主要影响因素

线切割加工是利用放电能量的热作用，使工件材料熔化、蒸发而达到加工尺寸的目的。由于线切割的工作液是采用具有介电作用的液体，因此在加工过程中还伴有一定的电解和切割热作用，使加工表面通常都会产生变质层，如微裂纹或表层硬度降低等。变质层致使电火花线切割加工的模具会产生早期磨损，缩短了模具的使用寿命。

1. 表面质量层

线切割加工的表面，从宏观上看还带有切割裂纹和机械切削那样带有明显切痕的表面，切割条纹的深度和条纹之间的宽窄主要与放电能量、电极丝的走丝方式、张力和振动的大小、工作液种类、机床精度、进给方式和进给速度等因素有关。快速走丝的条纹一般比慢速走丝的条纹明显，使用乳化油的水溶液，还容易形成黑白相间的条纹。

从微观上看，加工表面是由许多放电痕重叠而成的，加工中每次脉冲放电都在工件表面形成一个放电痕。连续放电使放电痕相互重叠，就逐渐形成了无明显切痕的面。放电痕的深度和密度主要取决于单个脉冲放电能量和脉冲参数。

2. 表面变质层

线切割表面变质层状态与工件材料、工作液和脉冲参数有关。

（1）金相组织及元素成分。由于火花放电的热作用，使材料急剧加热熔化，放电停止后立即在工作液的冲洗下又急剧冷却。因此工件表面层的金相组织就会发生明显的变化，形成不连续且薄厚不均匀的变质层，通常称为白层。金相分析认为该层残留了大量的奥氏体。在使用电极丝和含碳工作液时，光学分析和电子探针分析表明：在白层内，钼和碳的含量大幅度增加；而使用钼电极丝和去离子水工作时，发现变质层内铜的含量增加，而无渗碳现象。

（2）显微硬度。由于变质层金相组织和元素含量的变化使显微硬度发生明显下降，在距离十几微米的深度内出现了线切割的软化层。

（3）变质层厚度。这里所说的变质层厚度是指白层的厚度。因放电的随机性，在相同加工条件下，白层的厚度明显不均匀。

（4）显微裂纹和拉应力。线切割加工表面变质层，一般存在拉应力，甚至会出现显微裂纹。加工硬质合金时，在电参数一定的条件下，更加容易出现裂纹，并存在空洞，这是需要特别注意的地方。

对于电火花切割加工表面的缺陷，可采用多次切割的方法，尽量减少其缺陷。

3.3.5 各主要因素对加工工艺指标的综合影响

1. 工作液对线切割工艺指标的影响

线切割加工中，必须使用工作液介质，有脉冲放电电离、绝缘、洗涤、冷却、防锈等的作用。常用的工作液介质有：煤油、乳化液、去离子水、蒸馏水、洗涤剂、酒精溶液等。工作液对线切割工艺指标的影响各不相同，其中对加工速度影响较大。以快速走丝为例，当采用水类（如去离子水、蒸馏水等）工作液时，其冷却效果较好，但电极丝容易变脆，易断丝，再则水类工作液洗涤性差，不易排渣，因此加工速度低；如在水类工作液中加入皂片，则加工速度可成倍增加；当使用乳化型工作液时，其洗涤性较好，易排渣，故加工速度较高；当用煤油作工作液时，其介电强度高，放电间隙小，排屑难，所以加工速度低，但其润滑性好、电极丝磨损少，不易断丝。

2. 电极丝对线切割工艺指标的影响

（1）电极丝直径对工艺指标的影响。

电极丝允许通过的电流跟电极丝直径的平方成正比，电极丝加工时的切槽宽度与电极丝的直径成正比。一方面，当电极丝直径变小，则电极丝承受的电流就相应变小，切槽变窄，不易排屑，造成加工稳定性变差，切割速度降低；另一方面，增加电极丝直径，允许通过电极丝的加工电流就可以增大，切槽变宽，易排屑，切割速度增加，有利于厚工件的加工。但电极丝的直径超过一定程度，造成切槽过宽，反而影响了切割速度的提高，且加工电流的增大，会使表面粗糙度变差，因此电极丝的直径不宜太大，一般纯铜电极丝直径为 0.15 mm～0.30 mm，黄铜电极丝直径为 0.1 mm～0.35 mm，钼电极丝的直径为 0.06 mm～0.25 mm，钨电极丝的直径为 0.03 mm～0.25 mm。

(2) 电极丝的安装精度对工艺指标的影响。

电极丝在上丝时，不能过紧或过松，过紧易造成断丝，过松会造成加工工件的尺寸和形状产生误差。电极丝的张力大小应根据其材料与直径而定，最常用的钼丝在快速走丝时，张力一般为 5~10 N。

另外，电极丝在安装过程中必须保证垂直于工件的装夹基面或工作台定位面，否则会影响加工的精度和表面粗糙度。

(3) 电极丝走丝速度对工艺指标的影响。

电极丝的走丝速度主要影响线切割速度和电极的损耗，改善加工区的环境。一方面，当电极丝走丝速度增加，线切割的加工速度随之增加，同时有利于电极丝将工作液带入较厚工件的割缝中，便于排屑和使加工稳定。另一方面，当电极丝走丝速度加快，可以使电极丝在放电区停留的时间减少，从而使电极丝的损耗减少。但电极丝走速不能过快，过快会造成电极丝运动不稳定，这样反而使加工精度降低，表面粗糙度提高，且易断丝。快走丝的走丝速度一般以小于 10 m/s 为宜。

3. 工件材料及厚度对线切割工艺指标的影响

工件材料不同，其热电常数就不同，因而加工效果不同。一般铜、铝、淬火钢被加工时，切割速度高，加工稳定；硬质合金被加工时，切割速度低，加工稳定，表面粗糙度低；对于不锈钢、磁钢、未淬火高碳钢等，切割速度较低时，表面质量、稳定性较差。

另外，工件的薄厚对工艺指标也有影响，工件厚，工作液不易进入和充满放电间隙，对放电、消电离、排屑都不利，影响加工稳定性，不过因工件厚，电极丝不易抖动，可得到较好的加工精度和表面粗糙度。薄工件加工时，工作液易充分进入割缝，对放电、消电离、排屑都有利，但如工件太薄，则电极丝易抖动，使加工精度和表面粗糙度变差。

通过以上分析可知，各因素对工艺指标的影响是相互依赖，又相互制约的，因此在加工时，要综合考虑各因素对工艺指标的影响，以求达到最佳加工效果。

3.4 线切割加工程序编制

数控程序是用来控制机床，使机床按照预定要求进行切割加工的指令代码。线切割机床所用的程序格式有 3B、4B、5B、ISO 代码等，使用最广的应当 3B 程序法及 ISO 代码。其中 ISO 代码与加工中心、数控车床所使用程序的指令基本类似，目前厂家所生产的线切割机床都会带有属于自己的自动编程软件。本节就简单介绍一下线切割加工程序的编程。

3.4.1 线切割加工程序的 3B 格式

3B 程序的格式为：BX BY BJ G Z，见表 3-4。

表 3-4 3B 程序格式

B	X	B	Y	B	J	G	Z
分隔符号	X 坐标值	分隔符号	Y 坐标值	分隔符号	计数长度	计数方向	加工指令

B 为数值信息分隔符，它的作用是将 X、Y、J 的数码区分隔开。

X、Y 表示终点相对于起点的增量坐标值，单位为 μm。

J 表示加工线段（圆弧）的计数（加工）总长度，单位为 μm。
G 表示加工线段（圆弧）的计数方向。
Z 表示加工指令。

1. 确定编程坐标系和 X、Y 坐标值

编程时必须先确立坐标系，有了坐标系才能确定 X、Y 坐标值。3B 编程的坐标系是相对坐标系，以工作台平面为坐标系平面，左右方向为 X 轴，前后方向为 Y 轴，且坐标系的原点随程序段的移动而变化。

加工直线时，以该段直线的起点为坐标系原点，X、Y 即为该直线终点的坐标。

加工圆弧时，以该圆弧的圆心为坐标原点，圆弧起点的坐标值即为 X、Y 值。3B 编程时，坐标值都取正值，坐标值为 0 时，可省略不写。

2. 确定计数方向 G

加工直线时，该直线在坐标系中终点靠近何轴，计数方向就取该轴。如图 3-22 所示，直线 OA 的终点 A 靠近 X 轴，所以计数方向就取 X 轴，记作"G_X"。如被加工直线与坐标轴呈 45°角时，则计数方向取 X 轴、Y 轴均可，记作"G_X"或"G_Y"，即 X≥Y，采用 G_X；X≤Y，采用 G_Y。

加工圆弧时，终点靠近何轴时，计数方向则取另一轴。如图 3-23 所示，被加工圆弧 MN 的终点 N 落在 Y 轴上，则计数方向取 X 轴，记作"G_X"，加工圆弧的终点与坐标轴呈 45°角时，计数方向取 X 轴、Y 轴均可，记作"G_X"或"G_Y"，即 X≥Y，采用 G_Y；X≤Y，采用 G_X。

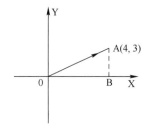 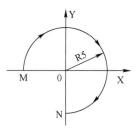

图 3-22 加工直线时计数方向的确定　　图 3-23 加工圆弧时计数方向的确定

加工直线和圆弧计数方向的区域，如图 3-24、3-25 所示。

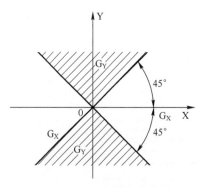 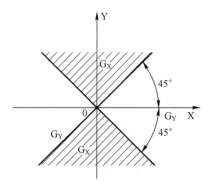

图 3-24 加工直线计数方向的区域　　图 3-25 加工圆弧计数方向的区域

3. 确定计数长度 J

计数长度是被加工直线或圆弧在计数方向坐标轴上投影的绝对值总和。图 3-22 中的 OA 直线的计数长度为在 X 轴上投影的绝对值,即 OB=4000μm;图 3-23 中的 MN 圆弧的计数长度为三段 90°圆弧,分别投影到 X 轴上的绝对值总和为 5000×3=15000μm。

4. 确定加工指令 Z

加工直线时,加工指令 Z 有 4 种:L1、L2、L3、L4,它们分别处在坐标系的第Ⅰ、第Ⅱ、第Ⅲ、第Ⅳ象限,如图 3-26 所示。当被加工直线落在第Ⅰ象限,可记作 L1,如图 3-22 中直线 OA 的加工指令即为"L1",以此类推。

加工圆弧时,加工指令 Z 有 8 种,加工顺时针圆弧有 SR1、SR2、SR3、SR4;加工逆时针圆弧有 NR1、NR2、NR3、NR4,如图 3-27 所示。当被加工的顺时针圆弧的起点落在第Ⅱ象限时,记作"SR2",被加工的逆时针圆弧起点落在第Ⅲ象限时,记作"NR3",以此类推。

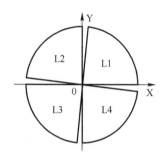

图 3-26 加工直线时的加工指令

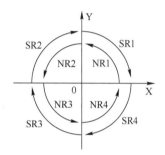

图 3-27 加工圆弧时的加工指令

根据以上 4 点内容,图 3-22 中的被加工直线 OA 的 3B 编程可表示为:
B4000 B3000 B4000 G_XL1
图 3-23 中的被加工圆弧 MN 的 3B 编程可表示为:
B5000 B0 B15000 G_XSR2

3.4.2 国际标准的 ISO 格式

国际标准的 ISO(G 代码格式)格式主要有两种指令:G 指令和 M 指令。其格式分别为
N__ G__ X__ Y__ Z__ U__ V__ W__ I__ J__ K__ ;
N__ M__ ;
其中每个符号的含义见表 3-5。

表 3-5 线切割加工程序 ISO 格式符号含义

功能	程序段序号	准备功能	坐标地址				辅助功能
代码	N	G	X、Y、Z	A、B、C、U、V、W	R	I、J、K	M
备注	程序段号	定义运动方式	轴向运动指令	附加轴运动指令	圆弧半径	圆心坐标	机床的辅助动作

常用的线切割加工指令见表 3-6。

表 3-6 线切割加工程序常用指令

代码	功能	代码	功能	代码	功能	代码	功能
G00	快速定位指令	G10	Y轴镜像, X、Y轴交换, 即: G10 = G06+G07	G54	选择工作坐标系 1	M00	程序暂停指令
G01	直线插补	G11	Y轴镜像, X轴镜像, X、Y轴交换, 即 G11 = G05+G06+G07	G55	选择工作坐标系 2	M02	程序结束指令
G02	顺时针圆弧插补指令	G12	消除镜像	G56	选择工作坐标系 3	W	下导轮到工作台面高度
G03	逆时针圆弧插补指令	G40	取消间隙补偿	G57	选择工作坐标系 4	H	工件厚度
G05	X轴镜像	G41	左偏间隙补偿	G58	选择工作坐标系 5	S	工作台面到上导轮高度
G06	Y轴镜像	G42	右偏间隙补偿	G59	选择工作坐标系 6	T84	开切削液
G07	X、Y轴交换	G50	消除锥度	G90	绝对坐标编程	T85	关走丝
G08	X轴镜像、Y轴镜像	G51	锥度左偏	G91	相对坐标编程	T86	空走丝
G09	X轴镜像、X、Y轴交换, 即: G09 = G05+G07	G52	锥度右偏	G92	起定点	T87	关切削液

(1) 坐标指令 G90、G91、G92

G90: 绝对坐标指令, 该指令表示程序段中的编程尺寸是按绝对坐标给定的, 此时所用坐标为指定点在工件坐标系中的坐标。

书写格式: G90 (单列一段)。

注意: 系统通电时机床处于 G90 状态。

G91: 增量坐标指令, 该指令表示程序段中的编程尺寸是按增量坐标给定的, 即所用坐标为指定点相对于起点的位移量。

书写格式: G91 (单列一段)。

(2) 起定点指令 G92

该指令是一个绝对坐标指令, G92 后跟坐标值, 确定电极丝当前位置在编程坐标系中的坐标值, 一般此坐标为加工程序的起点。

书写格式: G92 X__Y__。

(3) 快速定位指令 G00

在线切割机床不放电的情况下, 使指定的某轴以最快的速度移动到指定位置。

书写格式: G00 X__Y__。

注意: 如果程序中指定了 G01、G02 等指令, 则 G00 无效, 一般用于加工前快速定位或加工后快速退刀, 有些系统将这一常用命令作为外部功能使用。

(4) 直线插补指令 G01

书写格式: G01 X__Y__。

其中, X、Y 为终点, G01 指令刀具从当前位置以联动的方式, 按合成的直线轨迹移动到程序段所指定的终点。

在 G90 时终点为工件坐标系中的坐标。

在 G91 时终点为相对于起点的位移量。

（5）顺时针加工圆弧指令 G02

格式：G02X__Y__R__或 G02X__Y__I__J__。

（6）逆时针加工圆弧指令 G03

格式：G03X__Y__R__或 G03X__Y__I__J__。

X、Y 表示圆弧终点坐标，I、J 表示圆心相对起点的增量，R 表示圆弧的半径，当圆弧圆心角小于 180°时，R 为正值，当圆弧圆心角大于 180°时，R 为负值。

例题：分别采用增量坐标系和绝对坐标系编写，如图 3-28 所示轨迹坐标的程序，圆心坐标（20，20），单位为 mm。

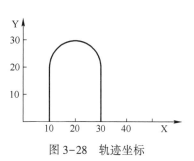

图 3-28 轨迹坐标

G90 编程的程序如下：

```
N01  G92 X0 Y0；
N02  G01 X10000 Y0；
N03  G01 X10000 Y20000；
N04  G02 X30000 Y20000 I 10000 J 0；
N05  G01 X0 Y0；
N06  G01 X0 Y0；
N07  M02；
```

3.5 复习思考题

1. 简述线切割加工的基本原理及加工特点。
2. 简述影响线切割加工工艺指标的主要因素。
3. 线切割的加工路线应如何确定？电极丝应如何选择？
4. 试编写加工图 3-29 所示线条的 3B 代码格式程序。
5. 试编写图 3-30 所示零件的加工程序。

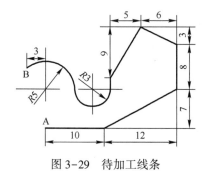

图 3-29 待加工线条

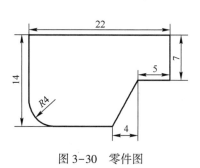

图 3-30 零件图

第4章 线切割加工实训

不同类型的快走丝线切割机床除了操作面板有所不同之外,其他操作几乎相同。本教材根据目前国内高职院校电加工实训所使用设备的情况,选择新火花快走丝线切割机床以及赛特数控线切割机床为例进行讲解。

4.1 实训一 线切割机床结构认识及安全操作规程

4.1.1 实训目的

了解线切割机床的结构;理解线切割机床型号的含义;掌握线切割机床的基本操作方法及安全操作规程。

4.1.2 实训内容

1. 线切割机床的型号

目前国内使用的线切割机床分国产和进口两种。其中,进口生产线切割机床的公司主要有瑞士阿其夏米尔公司、日本沙迪克公司、日本三菱公司等。进口机床的编号一般以系列代码加基本参数来编制,如日本沙迪克的 A 系列、AQ 系列、AP 系列。国产线切割机床的企业主要有苏州新火花、汉川机床集团公司等。

我国线切割机床型号都以 DK77 为开头,后面按工作台面行程。例如,快走丝线切割机床型号 DK7740 的含义如下。

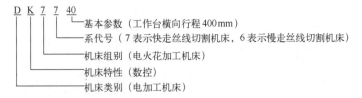

2. 线切割机床的主要结构

快走丝线切割机床主要由机床、脉冲电源、控制系统 3 大部分组成,如图 4-1 所示。其中机床是由床身、工作台、上/下丝架、储丝筒等结构组成,如图4-2所示。电极丝的移动是由丝架和储丝筒完成的,因此丝架和储丝筒也称为走丝机构。工作台由上滑板和下滑板组成。

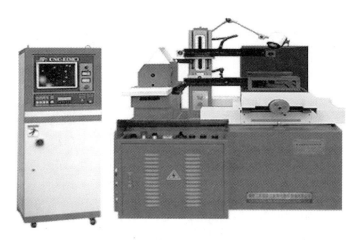

图4-1　快走丝线切割机床

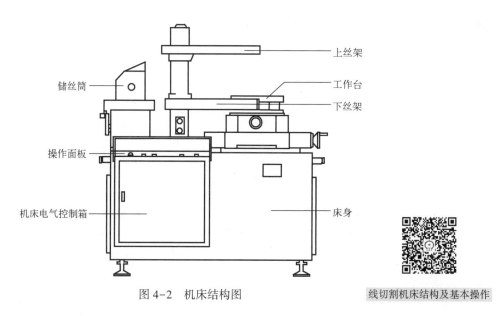

图4-2　机床结构图

线切割机床结构及基本操作

(1) 床身

床身是箱形铸铁件,正面安装机床电气控制箱,床身上部安装工作台、运丝系统、丝架、照明灯等部件。

床身上部呈盘形结构,工作液经管道直接流回放在旁侧的工作液箱。

(2) 工作台

工作台主要是由工作台面、中拖板、下基座导轨、滚珠丝杠及变速齿轮箱等组成,拖板的纵横运动采用直线滚动导轨或渗碳淬火钢导轨结构,分别由步进电动机经精密齿轮、转动滚珠丝杠,实现工作台运动。

滚珠丝杠采用双螺母双导承结构,可实现预紧力,使间隙接近零,具有传动精度高、效率高、寿命长等优点。

（3）储丝筒

储丝筒拖板的频繁换向采用一个感应开关控制，与其他结构相比，具有结构简单、动作灵敏、换向噪音及振动均较小、使用寿命较长的优点。左右挡杆上备有保险装置，当感应开关失灵，该保险装置将起作用，会立即使储丝筒停止转动，防止机床工作时发生故障。

脉冲电源和控制系统组成了数控电源控制柜，电源控制柜面板布局示意图，如图4-3所示。

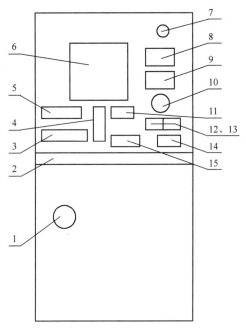

图4-3 数控电源控制柜面板布局示意图

1—电源总开关 2—抽屉（内装键盘和鼠标） 3—脉间开关 4—高频开关 5—脉宽开关 6—显示屏 7—钥匙开关 8—电压表 9—电流表 10—急停开关 11—USB接口 12—电源指示灯 13—复位开关 14—步进电动机指示灯 15—功率开关

3. 安全操作规程

1）检查机床各部件是否完好，定期调整水平。按润滑规定加足润滑油和在工作液箱盛满皂化油水液，并保持清洁，检查各管道接头是否牢靠。

2）检查机床与控制箱的连线是否接好，输入信号是否与拖板移动方向一致，并将高频脉冲电源调好。

3）检查工作台纵向横向行程是否灵活，拖板往复移动是否灵活，并将储丝筒拖板移至行程开关在两挡板的中间位置。行程开关挡块要调整在设计需要的范围内，以免开机时储丝筒拖板冲出造成脱丝。必须在储丝筒移动到中间位置时，才能关闭储丝筒电动机电源，切勿在将要换向时关闭。以免惯性作用使储丝筒拖板移动而冲断电极丝，甚至丝杠螺母脱丝。上述检查均无误后，方可开机。

4）安装工件，将需切割的工件置于安装台，用压板螺钉固定。在切割整个型腔时，工件和安装台不能触碰丝架。如切割凹模,则应将电极丝穿过工件上的预留孔,经找正后才能切割。

5）切割工件时,先启动储丝筒,按走丝按钮,待导轮转动后再启动工作液电动机、打开工作液阀。如在切割途中停机或加工完毕停机时,必须先切断高频电源,再关工作液泵,待导轮上工作液甩掉后,再关断储丝筒电动机。

6）工作液应保持清洁,为减少工作液中的电蚀物,可在工作台、回水槽和工作液箱内放置过滤器进行过滤,并定期洗清工作液箱、过滤器,更换工作液。

7）经常保持工作台拖板、滚珠丝杠及滚动导轨的清洁,切勿使灰尘等进入,以免影响运动精度。

8）如储丝筒在换向时有抖丝或振动情况,应立即停止使用,检查有关零件是否松动,并及时进行调整。

9）每周应有1~2次将煤油射入导轮轴承内,以保持清洁和延长使用寿命。

10）注意对控制台装置的精心维护,保持清洁。

11）操作者不得乱动电气元件及控制台装置,发现问题应立即停机,通知维修人员检修。

12）工作时请穿好工作服、戴好工作帽及防护镜。注意：不允许戴手套操作机床。

13）不要移动或损坏安装在机床上的警告标牌。

14）不要在机床周围放置障碍物,工作空间应足够大。

15）某一项工作如需要多人共同完成时,应注意相互间的协调一致。

16）不允许采用压缩空气清洗机床、电气控制柜及数控单元。

17）禁止触摸运丝机构,禁止触摸正在加工的工件。

18）机床运转中,操作者不得离开工位。

19）清除废电极丝时,必须关断总电源,避免触碰储丝筒启动按钮发生事故,废丝应揉成小团,放在箱内,不要随地乱扔。

20）高频电源开启前,必须先开走丝电动机,否则电极丝如碰到工件会烧断电极丝,也不可用双手分别接触工件和床身,以免发生触电事故。

21）在使用手柄转动储丝筒后,应立即取下手柄,以免疏忽遗忘而开启走丝电动机时,手柄飞出伤人。

22）在换冷却液时,拆下油泵电动机后,不能随意乱放,应使电动机头部高于水轮,以免冷却液流入电动机头。

23）工作结束或下班时要切断电源,擦拭机床及相关装置,用罩将计算机盖好,清扫工作场地（要避免灰尘飞扬）。机床的导轨滑动面应擦干净,涂油保养,并注好油,认真做好交接班工作及填写好运行记录。

4.1.3 实训思考题

1. 线切割机床是由哪几部分组成？
2. 加工前应注意哪些事项？

4.2 实训二 线切割加工软件编程

线切割自动编程

4.2.1 实训目的

掌握赛特数控线切割编程软件、HF 线切割编程软件的使用方法及所加工工件线切割加工自动程序的编制。

4.2.2 实训内容

1. 赛特数控线切割控制编程系统

赛特数控线切割控制编程系统主界面,如图 4-4 所示。绘图、编程界面,如图 4-5 所示。

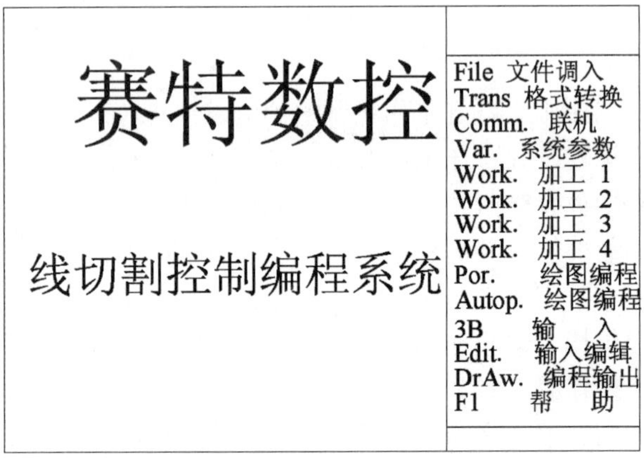

图 4-4 赛特数控线切割控制编程系统主界面

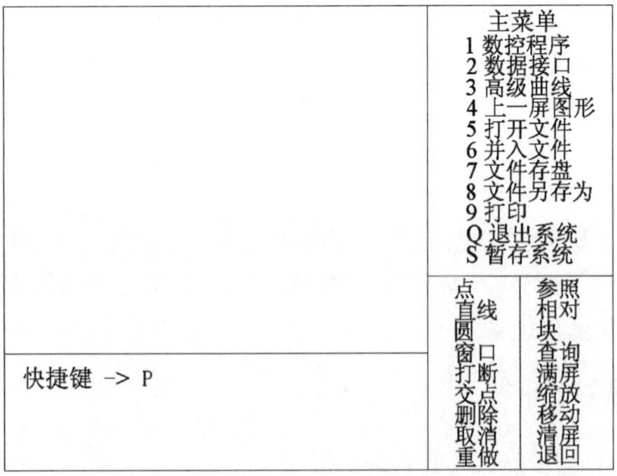

图 4-5 绘图、编程界面

(1) 加工工件图形的绘制

1) 图 4-4 所示的线切割控制编程系统主界面中，在右侧主菜单中选择"Autop. 绘图编程"菜单，按〈Enter〉键后屏幕出现如下提示。

请选择：0——退出。
　　　　1——进入系统。

2) 通过键盘选择"1"后，屏幕下方出现提示："输入文件名"。

3) 输入文件名后按〈Enter〉键，弹出如图 4-5 所示的绘图、编程界面。具体功能说明，如图 4-6 所示。

图 4-6　绘图、编程界面具体功能说明

4) 在固定菜单区选择所需要的命令，如"直线"命令，在可变菜单区将出现画直线所需要的分菜单。

5) 本绘图软件与 AutoCAD 辅助设计软件的不同点。

① 缺少标注尺寸功能，如要所绘图形达到图纸尺寸要求，绘图前必须在图纸图形的合适位置建立坐标系，计算出各点的坐标值。

② 如果要输入目标点的坐标值，应不要移动鼠标。

③ "窗口"为局部放大图形，"满屏"为全屏显示图形以及刷新。

④ 如果要删除图形多余部分（指一个整体的局部），必须先用"交点"命令找到删除图形的交点，然后用"打断"命令来删除多余部分图形（光标所在位置为删除部分）。

(2) 引导线的绘制

图形绘制完成之后，还必须根据加工工件的具体情况，合理选择、绘制出加工引导线。确定加工切入点、线应遵循以下原则。

1) 加工起点至切入点路径要短，如图 4-7 所示。

2) 从工艺角度考虑，切入点放在棱边处为宜。

3) 切入点应避开有尺寸精度要求的地方。

4) 切入线应避免与程序第一段、最后一段重合或构成小夹角，如图 4-8 所示。

5) 线切割加工外形时，引导线的长度一般设定为 5 mm 左右；内孔加工时引导线的起点尽量设定在图形的中心。

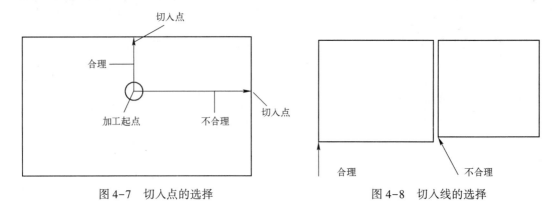

图 4-7　切入点的选择　　　　图 4-8　切入线的选择

(3) 程序编制

1) 按图纸尺寸要求完成图形及引导线的绘制之后,在固定菜单区选择"返回"菜单,返回到图 4-6 所示菜单。

2) 在图 4-6 所示菜单中的可变菜单区选择"数控程序"菜单,按〈Enter〉键确认。

3) 在"数控程序"分菜单下选择"加工路线"子菜单,按〈Enter〉键后将在屏幕下方出现一系列提示,如图 4-9 所示。

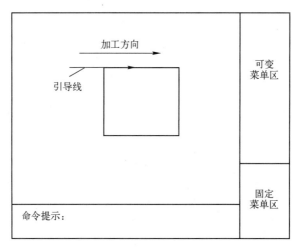

图 4-9　编程界面

4) 根据图 4-9 中"命令提示"的内容操作,具体命令提示顺序及操作如下。

① 加工起点,用光标选择引导线外端点,这时,引导线由实线变成虚线,同时会出现一箭头指明加工方向,如图 4-9 所示。

② 加工方向 (Y/N),输入"Y"或者直接按〈Enter〉键,将默认当前的加工方向;输入"N",将会把当前的加工方向反向。

③ 尖点圆弧半径,输入"0"按〈Enter〉键。

④ "1.3B""2.4B""3.ISO",输入"1"选择 3B 程序格式。

⑤ 补偿值(左正右负),即刀具的半径补偿,其值的大小为:钼丝的半径(0.09mm) + 单边放电间隙(一般为 0.01mm)= 0.1mm;左正右负,即左刀补偿输入"0.1",右刀补偿输入"-0.1"。注:沿着加工方向看,具体判断可总结为下面两句话。

A. 加工外形时，顺时针加工为左刀补，逆时针加工为右刀补。

B. 加工内孔时，顺时针加工为右刀补，逆时针加工为左刀补。

5）在可变菜单里选择"程序存盘"命令之后，再选择"退出系统"命令，在屏幕的下方将出现提示："真的要退出系统吗？Y/N"。这时如果退出，输入"Y"或者直接按〈Enter〉键，屏幕的下方又将出现提示："数据要存盘吗？Y/N"。这时输入"Y"或者直接按〈Enter〉键，否则数据将丢失。

这样就完成了所加工工件的绘图及编程的工作。

2. HF 线切割自动编程控制系统

HF 线切割自动控制编程系统主界面，如图 4-10 所示。绘图、编程界面，如图 4-11 所示。

图 4-10 HF 线切割控制编程系统主界面

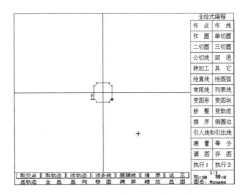

图 4-11 HF 绘图、编程界面

（1）加工图形的绘制、调用、存储

在图 4-10 所示的 HF 线切割控制编程系统主界面中，使用鼠标单击上方主菜单中的"全绘编程"按钮，屏幕将弹出图 4-11 所示的 HF 绘图、编程界面。

根据图 4-11 所示界面右侧及底部的功能选择按钮来绘制出线切割加工图。HF 绘图编程软件在绘图方面比较烦琐，可以使用 AutoCAD 软件提前绘制出加工图，使用 U 盘调入。具体步骤如下。

1）将用 AutoCAD 软件绘制好的加工图保存到 U 盘。

2）将 U 盘插入到线切割加工机床控制柜的 USB 接口中。

3）选择图 4-11 中右侧功能选择框中的"调图"选项，这时右侧功能框将变为"调图"的子功能选项框，包括"调轨迹线图""调辅助线图""调 DXF 文件""调 CAD 字库""调 HGD 字库""调 AUTOP 图"等。

4）选择"调 DXF 文件"选项，屏幕将出现"调图"的对话框，在对话框中找到事先插入的 U 盘，及保存在 U 盘里的 AutoCAD 图形文件。

注意：AutoCAD 软件绘制的加工图存入 U 盘时，选择的存储文件类型一定要是"DXF 文件"，否则将调图失败。

5）选择好要调取的图形文件，右侧功能框将出现"全部调取""不调块和文字"选项，选择"不调快和文字"选项即可。

6）上述步骤完成后，自动返回到图 4-11 所示界面，选择下方功能选择框中的"满屏"

按钮。图形显示区将显示调入的加工图形。

(2) 程序的编制

1) 进入 HF 编程控制软件的主界面,如图 4-10 所示,单击"全绘编程"按钮进入绘图、编程界面,如图 4-11 所示。

2) 绘制出所需加工的工件图形(实例为圆角四方形),也可利用 U 盘调入,具体调入方法详见"加工图形的绘制、调用、存储"部分。

3) 单击"引入线和引出线"按钮,绘制出加工零件所需的引导线。

4) 加工工件、引入线及引出线绘制完成后,单击"执行 1"或"执行 2"按钮进入补偿值输入界面,如图 4-12 所示。

注意:"执行 1"与"执行 2"的区别。如果屏幕上有多个加工工件图形,单击"执行 1"按钮,会把屏幕上所有的工件图形进行加工,容易造成混乱;单击"执行 2"按钮,只有绘制好引入线、引出线的工件图形才会进行加工。因此一般选择"执行 2"。

如果屏幕上只有一个工件图形,选择"执行 1"与"执行 2"并没有区别,可任意取一。

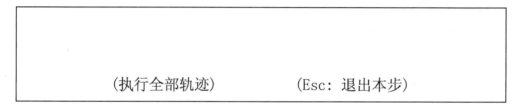

图 4-12 补偿值输入界面

5) 补偿值输入后,按〈Enter〉键,进入加工轨迹线显示界面,如图 4-13 所示。可以选择右侧工具栏中的命令查看各个信息。

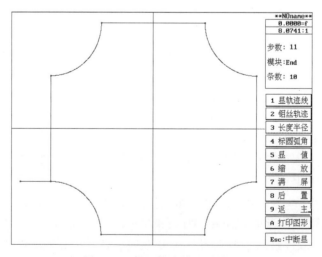

图 4-13 加工轨迹线显示界面

6) 单击"后置"按钮,进入程序后处理界面,如图 4-14 所示。将加工轨迹转换成数控加工程序代码。

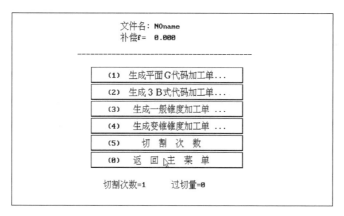

图 4-14　程序后处理界面

7）单击"切割次数"按钮，进入工件切割次数确定界面，如图 4-15 所示。单击"过切量 mm"按钮，输入过切量值，以消除工件表面接痕。单击"切割次数（1~7）"按钮，输入切割次数，按〈Enter〉键确定。如果工件切割次数为"1"，则单击"确定"按钮，会返回到图 4-14 所示的程序后处理界面；否则将进入多次切割界面，如图 4-16 所示（以切割 3 次为例）。

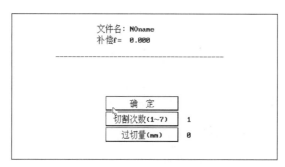

图 4-15　切割次数确定界面

其中，"凸模台阶宽"为加工凸模时，为防止第 1 次加工时工件脱落，将工件分为两段加工，此值为第 2 段加工的长度。数值大小以防止第 1 段加工完成时，加工缝隙不变形为准。"偏离量"为每次切割工件实际尺寸与目标尺寸的差值，数值大小与放电参数有关，太大则影响下次切割的效率，太小又不能消除前次切割所产生的凹痕。"高频组号"的 0~7 对应电参数文件中的组号 M10~M17。"开始切割台阶时高频组号"指的是工件引入/引出线的加工参数组号。根据加工工艺，设定好相应的值，单击"确定"按钮返回到图 4-14 所示的程序后处理界面。

8）单击图 4-14 所示界面的"生成平面 G 代码加工单…"按钮，进入 G 代码加工程序选择界面，如图 4-17 所示。将线切割加工程序转换成 ISO 代码形成的数控加工程序。

9）单击"G 代码加工单存盘（平面）"按钮，下方会提示输入存盘的文件名（如输入"002"），按〈Enter〉键后该程序文件将会自动保存到系统默认的 HF 软件安装路径目录下。单击"返回"按钮，将会返回到图 4-14 所示的程序后处理界面。再次单击"返回主菜单"按钮，则返回到图 4-10 所示的 HF 线切割自动控制编程系统主界面。

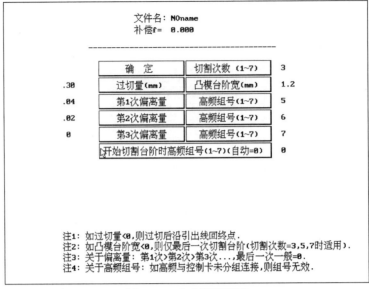

图 4-16 多次切割界面

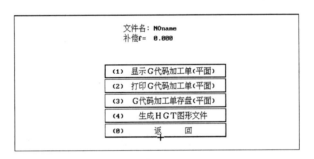

图 4-17 G代码加工程序选择界面

4.2.3 实训思考题

运用线切割绘图编程软件,绘制图 4-18 所示的五角星及图 4-19 所示的零件图形,并进行数控加工程序的编制。

五角星的线切割加工

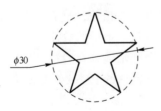

图 4-18 五角星

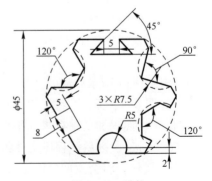

图 4-19 零件

4.3 实训三 工件的装夹与找正

4.3.1 实训目的

了解线切割加工工件的装夹特点;理解线切割加工对工件装夹的一般要求;掌握线切割加工工件的装夹与找正方法。

4.3.2 实训内容

1. 工件装夹

线切割加工属于较精密加工,工件的装夹形式对加工精度的影响很大,尤其在模具零件等精密零件的加工中,必须认真仔细地装夹工件。

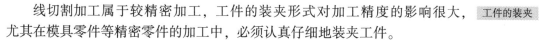
工件的装夹

(1) 工件的装夹特点

1) 由于线切割加工的加工作用力小,不像金属切削机床那样要承受很大的切削力,因而其装夹的夹紧力要求不大,有的工件加工还可用磁力夹具来夹紧。

2) 高速走丝电火花线切割机床的工作液是靠高速运行的电极丝带入切缝的,不像低速走丝那样要进行高压冲液,对切缝周围材料的余量没有要求,因此工件装夹比较方便。

3) 线切割加工是一种贯通加工方法,因而工件装夹后被切割区域要悬空于工作台的有效切割区域,一般采用悬臂支撑或桥式支撑方式装夹。

(2) 工件装夹的一般要求

1) 工件的定位面要有良好的精度,一般以磨削加工过的面定位为好,定位面加工后应保证清洁无毛刺,通常要对棱边进行倒钝处理,孔口进行倒角处理。

2) 工件装夹时,工件的切割部位应位于机床工作台 X 轴、Y 轴进给的允许范围之内,避免超出极限。

3) 切入点的导电性能要好,对于热处理工件切入处及扩孔的台阶处都要进行去积盐及氧化皮处理。

4) 确定加工工件的设计基准或加工基准面,尽可能使设计基准或加工的基准面与机床的 X 轴、Y 轴平行。

5) 工件装夹应确保加工过程中,电极丝不会过于靠近或误切割机床的工作台。

6) 工件装夹的位置应有利于工件找正,夹紧螺钉高度要合适,确保在加工的全过程中工件、夹具与丝架不发生干涉。

7) 工件的夹紧力要适中、均匀,不得使工件变形和翘起。

8) 批量生产时,最好采用专用夹具,以提高生产效率。夹具应具有必要的精度,并将其稳固地固定在工作台上,拧紧螺钉时用力要均匀。

9) 细小、精密、薄壁的工件应先固定在不易变形的辅助夹具上再进行装夹,否则将难以进行加工。

10) 加工精度要求较高时,工件装夹后,还必须使用百分表或千分表对工件的六面进行找正。

(3) 工件装夹方式

线切割机床的夹具相对简单，通常采用压板螺钉来固定工件，但为了适应各种不同形状的加工工件，衍生了多种工件装夹方式。

1）悬臂支撑装夹法如图4-20所示，该方法一端由压板螺钉固定，另一端悬伸，装夹较方便，适用性强，但装夹时悬伸端易翘起，不易保证工件上、下平面与工作台平面的平行，从而造成切割面与工件上、下平面的垂直度误差。一般适用于加工精度要求不高或悬伸部分较短的工件。如果工件有垂直度要求时，必须使用百分表或千分表找正工件上表面，确保工件上表面与机床工作台平面平行。

2）两端支撑装夹法如图4-21所示，该方法是将工件两端都固定在通用夹具上，装夹非常方便、稳定，且其定位精度高，但不适合小零件的加工。

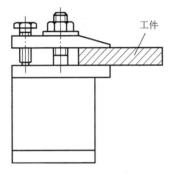
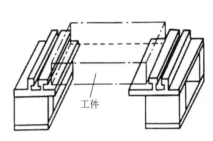

图4-20 悬臂支撑装夹法　　　　图4-21 两端支撑装夹法

3）桥式支撑装夹法如图4-22所示，将两根支撑垫铁先架在夹具上，然后再将工件放置在垫铁上夹紧，此种装夹方法是快走丝线切割最常用的装夹方法。该方法装夹方便，稳定性、通用性和适用性都很强，适用于装夹各类工件，特别是方形工件。只要工件上、下平面平行，装夹力适中、均匀，工件表面就能够保证与机床台面平行。桥的侧面也可作为定位面使用，找正桥的侧面并与机床工作台Y方向平行即可。工件如果有较好的定位侧面，与桥的侧面靠紧即可保证工件与工作台Y方向平行。

4）板式支撑装夹法如图4-23所示，该方法根据工件的形状制成通孔装夹工具，装夹精度高，但通用性差，适用于常规与批量生产。

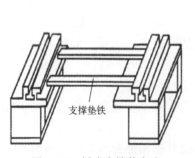
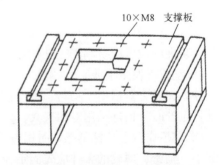

图4-22 桥式支撑装夹法　　　　图4-23 板式支撑装夹法

5）复式支撑装夹法如图4-24所示，对于较细小、精密、薄壁等零件，需要用专用的辅助夹具来装夹，常见的线切割加工的专用夹具，如图4-25所示。用桥式或通用夹具与专用夹具组合使用装夹工件,便成了复式支撑装夹法,该方法装夹方便,效率高,适用于批量生产。

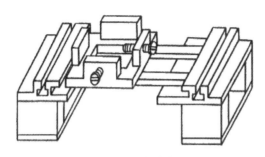

图 4-24　复式支撑装夹法

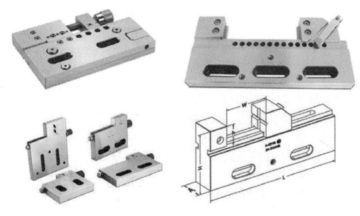

图 4-25　线切割加工常见的专用夹具

工件的校正

2. 工件的校正

工件位置的校正将直接影响工件的加工精度。因此加工前必须先校正工件,确保其定位基准面分别与工作台平面及工作台在水平面内的 X 轴、Y 轴进给方向平行。

线切割加工中,常用的工件校正方法有百分表校正法、划线校正法、固定基准面校正法等。

(1) 百分表校正法

如图 4-26 所示,将装有百分表的磁性表架吸附在丝架上,调整表架位置,使百分表测头与工件基准面垂直,并预压接触,然后分别沿工作台的 X 轴、Y 轴进给方向往复移动工件,根据百分表指针数值变化来调整工件位置,直至符合精度要求。以此类推,将工件的 3 个相互垂直的基准面都调整到位。使用百分表校正工件较为精确,精度能够达到 0.01 mm,在模具零件及精密零件加工时,经常使用百分表来校正。有时还会使用千分表校正,原理和方法与百分表一致,只是校正精度更高,能够达到 0.002 mm。

(2) 划线校正法

如图 4-27 所示,将划针固定在丝架上,划针针尖指向预先画好工件图形的基准线或基准面,沿工作台的 X 轴、Y 轴进给方向移动工件,目测划针与基准线或基准面重合的程度,进行工件调整,该方法即划线找正法。一般用于工件的切割图形与定位基准相对位置要求不高或基准面粗糙度较差的场合。

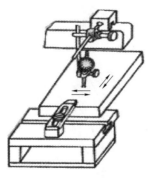 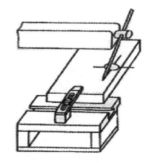

图 4-26　百分表校正法　　　　图 4-27　划线校正法

（3）固定基准面校正法

如图 4-28 所示，利用通用或专用夹具的纵、横向基准面按加工要求先校正好，然后将相同加工基准面的工件直接固定夹紧即可，此校正方法方便、简单，节约了大量校正时间，但是精度不高。因此，适用于批量生产及加工精度要求不高的工件。

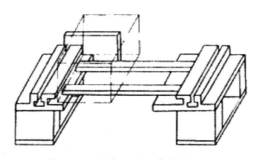

图 4-28　固定基准面靠定校正法

4.3.3　实训思考题

1. 如何对工件进行安装？装夹的方法有几种？各自的特点是什么？
2. 如何对工件进行找正？找正的方法有几种？各自的特点是什么？

4.4　实训四　线切割的上丝、穿丝与找正

4.4.1　实训目的

了解线切割上丝、穿丝与电极丝找正的过程；掌握线切割上丝和穿丝的方法；掌握电极丝找正的方法；能够正确地完成线切割上丝、穿丝以及电极丝找正的操作。

4.4.2　实训内容

1. 上丝、穿丝

上丝是指将电极丝从丝盘绕到快走丝线切割机床储丝筒上的过程，也称为绕丝。

(1) 上丝步骤

图 4-29 为线切割机床运丝机构示意图。

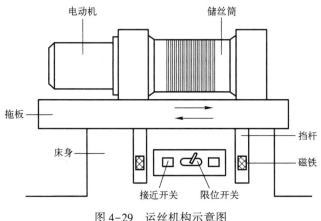

上丝步骤

图 4-29　运丝机构示意图

1) 上丝前，将左、右行程开关分别调整放置在行程最大的位置。启动丝筒将其移动到行程左端极限位置（目的是将电极丝上满整个丝筒，如果不需要上满，可根据加工要求自行定位）。

2) 将丝盘套在机床上丝架上，并使用锁紧装置将其锁紧，如图 4-30 所示。将丝盘上电极丝一端拉出绕过上丝导轮，并将丝头固定在丝筒左端部紧固螺钉上，将多余丝头剪掉。

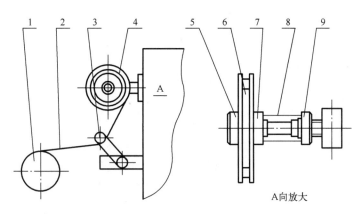

图 4-30　上丝示意图

1—储丝筒　2—电极丝（钼丝）　3—上丝轮　4—上丝架　5—螺母　6—钼丝盘
7—挡圈　8—弹簧　9—调节螺母

3) 顺时针手动转动丝筒，使电极丝缠绕 4~5 圈。将丝筒旋转速度调至最低，然后开启丝筒运行开关，丝筒转动，丝筒滑块整体向左移动，电极丝均匀缠绕在丝筒上，根据所需电极丝的多少，选择停止丝筒的转动。

4) 丝筒上绕好后，进行穿丝操作（详见穿丝部分），逆时针手动转动丝筒，使电极丝回转 4~5 圈。

5）调整右侧行程开关，开启丝筒运行开关，使丝筒向右移动，接近丝筒端头时，关闭丝筒运行开关，使丝筒停止旋转，调整左侧行程开关。

6）使用紧丝轮，拉住丝筒上的电极丝，开启丝筒运行开关，丝筒滑块整体向左移动。紧丝过程中，适当使用均匀力度张紧，消除松动间隙。在接近丝筒端头时，关闭丝筒运行开关，重新固定电极丝。

（2）穿丝步骤

1）穿丝前首先观察机床 Z 轴的高度是否合适，如果不合适要首先调节 Z 轴的高度。因此穿丝后 Z 轴的高度就不能调节了。通常在不影响加工的前提下，Z 轴的高度越小，越有利于减小电极丝的振动。

2）启动丝筒运行开关使储丝筒运行到右极限时，按下储丝筒停止按钮。

3）卸丝并移动工作台，将钼丝停放在穿丝孔下方。

4）拉动电极丝头，依次绕接各导轮、导电块，并穿入穿丝孔，最后回至储丝筒，如图 4-31 所示。

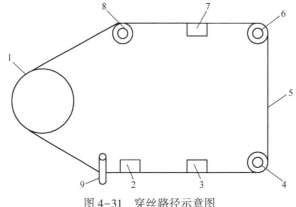

穿丝操作

图 4-31 穿丝路径示意图

1—储丝筒　2—断丝保护开关　3—导电块　4—下导轮　5—钼丝
6—上导轮　7—导电块　8—排丝轮　9—挡丝棒

5）将电极丝拉紧之后，固定在储丝筒紧固螺钉处。

6）剪掉多余丝头，将储丝筒反绕几圈，使电极丝缠绕 5~10 mm。

7）调整左右行程挡块，使储丝筒左右往返换向时，两端各留有 5~10 mm 的余量。

（3）穿丝注意事项

1）穿丝前检查导轨滑块移动是否灵活。

2）穿丝前检查导电块，若其上切缝过深，可松开螺钉将导电块转 90°，使用中要保持其清洁，接触导电良好。

3）在穿丝过程中要注意手的力度，防止电极丝打折；手动上丝后，应随即将摇把取下。

4）启动运丝前，须将丝筒上罩壳盖好，防止工作液甩出。

5）使用操作面板上的运丝开关运丝，断丝保护开关不起作用；用手控盒上的运丝按钮来运丝，断丝保护开关将起保护作用。

6）操作工具不要放在丝筒周围。

2. 电极丝的找正

线切割加工前,电极丝必须找正。找正的作用是使电极丝垂直于被加工工件。目前有 3 种基本找正方法:目测法、火花法、校正仪法。由于目测法在使用过程中比较简单,找正结果不可靠,在这里不予讲解,下面重点介绍其余两种找正法。

(1) 火花找正法

线切割加工火花校正电极丝垂直度的操作方法是:利用简易工具(如垂直块),或者直接以工件的工作面(或放置其上的夹具工作台)为校正基准。启动机床使电极丝空运行放电,通过移动机床的 X 或 Y 轴使电极丝与工件接触来碰火花,目测电极丝与工具表面的火花上下是否一致。X 轴方向的垂直度通过移动 U 轴来调整,Y 轴方向的垂直度通过移动 V 轴来调整,直至调整火花上下一致为止,如图 4-32 所示。调整过程中,要避免电极丝断丝,碰火花的放电能量不要太大,否则会蚀伤工件表面。

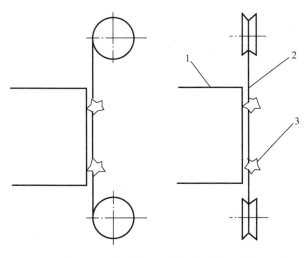

图 4-32 火花校正调整电极丝的垂直度
1—工件 2—电极丝 3—火花

钼丝的校正

(2) 校正仪找正法

使用校正仪对电极丝进行校正,应在不放电、不走丝的情况下进行。该方法具体操作如下。

1) 将校正仪底面、测试面及工作台面擦干净。把校正仪置于台面与桥式夹具的刃口上,如图 4-33 所示,使测量头探出工件夹具,且 a、b 面分别与 X、Y 轴平行,如图 4-33 所示。

2) 把校正仪连线上的鳄鱼夹夹在导电块固定螺钉头上。

3) 使用手控盒来移动工作台,使电极丝与校正仪的测量头进行接触,查看指示灯,如果是 X 轴方向,上面指示灯亮,下面指示灯不亮时,则要将机床 U 轴向正方向移动;反之亦然。直到两个指示灯同时亮,说明电极丝已找垂直。Y 轴方向方法相同。

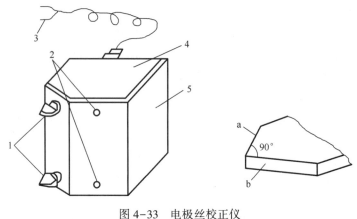

图 4-33 电极丝校正仪
1—测量头 2—显示灯 3—鳄鱼夹及插头座 4—盖板 5—支座

4.4.3 实训思考题

1. 线切割机床如何穿丝？如何将钼丝张紧？
2. 钼丝的垂直找正方法有几种？分别如何操作使用？

4.5 实训五 角度样板的线切割加工

4.5.1 实训目的

了解角度样板的工艺要求；完成工件线切割加工前的准备工作；掌握角度样板及类似工件的线切割加工。

4.5.2 实训内容

1. 工艺分析

角度样板是一种较为常用的测量角度的工具。为了避免日后生锈变形，可选用不锈钢板材来加工。角度样板，如图 4-34 所示，用来测量加工工件的内角和外角。该角度样板的线切割加工属于外轮廓加工，切割时应考虑钼丝补偿，补偿量为钼丝半径与放电间隙之和。由于角度样板一般厚度较小，为了保证角度样板的加工质量，切割速度可稍慢些，选择小一些的加工参数。

2. 加工准备

1）工件装夹，参看本章 4.3 实训三的内容。
2）绘图编程，参看本章 4.2 实训二的内容。
3）对刀。根据加工图形具体特征以及引导线的位置将钼丝移动至相应地方。要特别注意的是，部分机床的工作台坐标系与屏幕图形坐标系不一致，二者相差 90°，如图 4-35 所示。

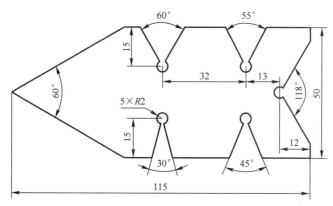

图 4-34 角度样板

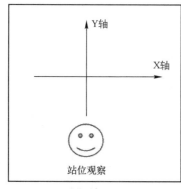
屏幕坐标系

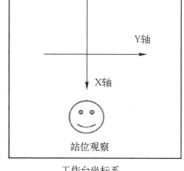
工作台坐标系

图 4-35 坐标系的确定

3. 赛特数控系统线切割自动加工

1) 赛特数控线切割控制编程系统主界面，如图 4-4 所示。单击"加工 1"按钮，会出现 3 种选项（"切割""自动对刀""自动找正"），根据加工要求选择不同的选项。

2) 选择"切割"，系统会出现选择文件对话框，选择好加工程序文件后，系统进入加工菜单界面，如图 4-36 所示。

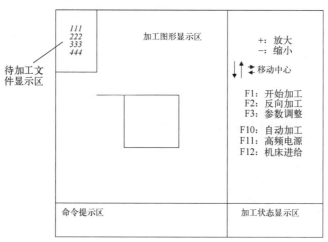

图 4-36 加工菜单

界面上常用功能介绍如下。

① "+" "-"表示为键盘上的加、减按键,可用来放大和缩小屏幕显示的加工图形,其中 "+" 代表放大,"-" 代表缩小。

② 移动中心,利用键盘的上、下、左、右 4 个方向键来移动屏幕上显示的图形。

注意:上面两个功能只是方便查看加工图形的信息,并不影响实际加工工件的大小及位置。

③ "F1:开始加工":当所有准备工作做完之后,最后按它开始加工。按下键盘上〈F1〉键之后在屏幕的命令提示区会出现如下提示。

From:1(从第 1 道程序开始加工?)按〈Enter〉键确认。

End:N(加工到最后 1 道?)按〈Enter〉键确认。

④ "F2:反向加工":选择它将从最后 1 道程序开始反向加工到第 1 道程序。一般在断丝后重新加工时,为节约加工时间才使用此项。

⑤ "F3:参数调整":在加工过程中用该选项可以随时修改加工参数,以保持加工过程的稳定性。其中有些参数必须在加工开始前修改才有效。

⑥ "F10:自动加工":"F10"有两种状态,分别为自动和手动。机床默认为"自动加工"状态。一般情况下该软开关不进行操作,即不使用"手动加工"。

⑦ "F11:高频电源":加工电源软开关,在加工前该开关显示为灰色。如要开始加工必须按〈F11〉键,使它变成红色。

⑧ "F12:机床进给":它有两种状态,当机床通电时,该开关自动显示为红色,在这种状态下,工作台 X、Y 轴进给机构锁住,不能移动。要移动工作台,必须按〈F12〉键,使它变成灰色。如要加工,〈F12〉键必须是红色。

3)图 4-2 所示的线切割机床床身有一操作面板。操作面板上装有机床加工控制按钮,如图 4-37 所示,常用控制按钮具体功能如下。

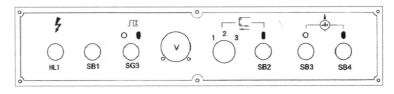

图 4-37 机床加工控制按钮

① "HL1":电源指示灯。此灯亮才可以进行加工操作;如灯不亮,需打开其侧面的电源开关。

② "SB1":急停开关。当有紧急情况发生时,按下此开关,则机床立即停止加工,工作台和钼丝将断电,但机床内部有些元件继续有电。

③ "SG3":高频电源开关。要实现加工,必须将此开关由"0"拨至"1"。

④ "V":加工电压指示表。

⑤ "1 2 3":钼丝停止开关,该开关为红色。

⑥ "SB2":走丝开关,该开关为绿色。

⑦ "SB3":工作液关,该开关为红色。

⑧ "SB4":工作液开,该开关为绿色。刚启动此开关时,由于空气压力的原因,可能

有工作液飞溅现象。

开始加工时，依次打开"SG3"→"SB2"→"SB4"开关，如要停止加工，请依次关闭"SB3"→"123"→"SG3"来结束加工。

4）上述加工控制开关打开后，机床还不能进行加工，必须对图 4-36 所示加工菜单界面进行相关操作之后才能进行加工。具体操作如下：按下〈F10〉〈F11〉〈F12〉3 个键，使它们由灰色变成红色。当然，如果本身就为红色，其相应开关无须再按。

5）最后按〈F1〉键开始加工，再连续按两次〈Enter〉键确认，从第 1 道加工到最后 1 道程序。

6）加工结束后，屏幕上显示"加工结束"，按下空格键，屏幕会显示加工结束选择对话框，如图 4-38 所示。

| 继续加工 |
| 加工停止 |
| 返回起点 |
| 回退加工 |

图 4-38 加工结束选择对话框

选择"加工停止"选项停止加工，并按要求打扫机床，进行常规保养。

4. 新火花 HF 数控系统线切割自动加工

1）在图 4-10 所示的 HF 线切割自动控制编程控制系统主界面中，单击"加工"按钮进入 HF 编程控制软件加工界面，如图 4-39 所示。

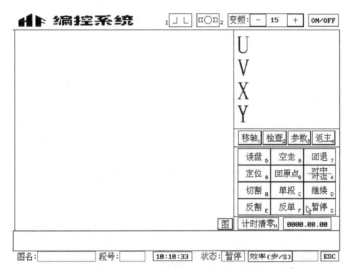

图 4-39 HF 编程控制软件加工界面

2）单击"读盘"按钮或输入快捷命令数字"5"，进入程序调入界面，如图 4-40 所示。

3）根据程序编制后处理格式的不同来选择不同的选项，例如单击"读 G 代码程序"按钮，进入程序文件选择对话框，如图 4-41 所示。如果单击"读 G 代码程序（变换）"或者"读 3B 式程序（变换）"按钮，则可以改变加工方向。

4）选择文件名，程序自动将加工图形调入加工界面。

5）图形调入后，根据加工工件的工艺分析结果，编辑合适的线切割加工参数。单击"参数"按钮，进入线切割加工参数界面，如图 4-42 所示。

单击"其他参数"按钮，进入其他参数界面，如图 4-43 所示。单击"高频组号和参数（多次切割用）"按钮，进入高频组号和参数界面，如图 4-44 所示。

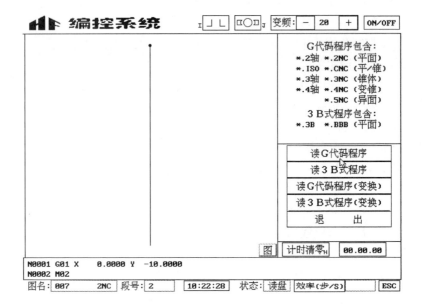

图 4-40　程序调入界面

图 4-41　选择程序文件对话框

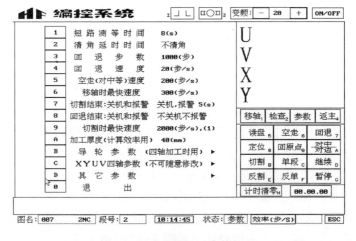

图 4-42　线切割加工参数界面

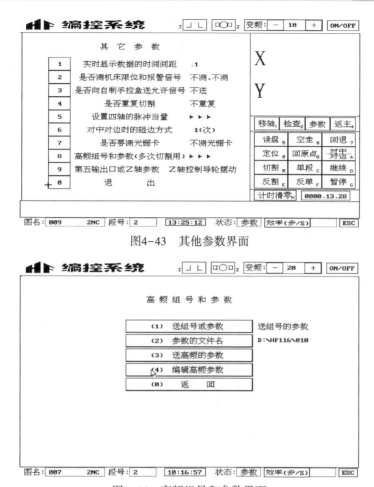

图4-43 其他参数界面

图4-44 高频组号和参数界面

单击“(4)编辑高频参数”按钮，按照提示要求输入文件名（如：007），单击“确定”按钮进入线切割加工参数编辑界面，如图 4-45 所示。

组号	脉宽 (μs)	脉间 (μs)	分组宽 (μs)	分组间距 (μs)	短路电流 (A)	分组脉冲状态	高压脉冲状态	等宽脉冲状态	梳波脉冲状态	前阶梯波代码	后阶梯波代码	走丝速度代码	电压代码
M10	6	4	40	80	15	ON	OFF	OFF	OFF	0H	0H	0H	1H
M11	10	40	60	60	15	OFF	OFF	OFF	OFF	0H	0H	0H	1H
M12	15	60	40	40	15	OFF	OFF	OFF	OFF	0H	0H	0H	1H
M13	20	80	48	40	15	OFF	OFF	OFF	OFF	0H	0H	0H	1H
M14	40	160	30	20	15	OFF	OFF	OFF	OFF	0H	0H	0H	1H
M15	60	240	56	80	15	OFF	OFF	OFF	OFF	0H	0H	0H	1H
M16	80	320	0	0	15	OFF	OFF	OFF	OFF	0H	0H	0H	1H
M17	100	400	0	0	15	OFF	OFF	OFF	OFF	6H	4H	28H	50H

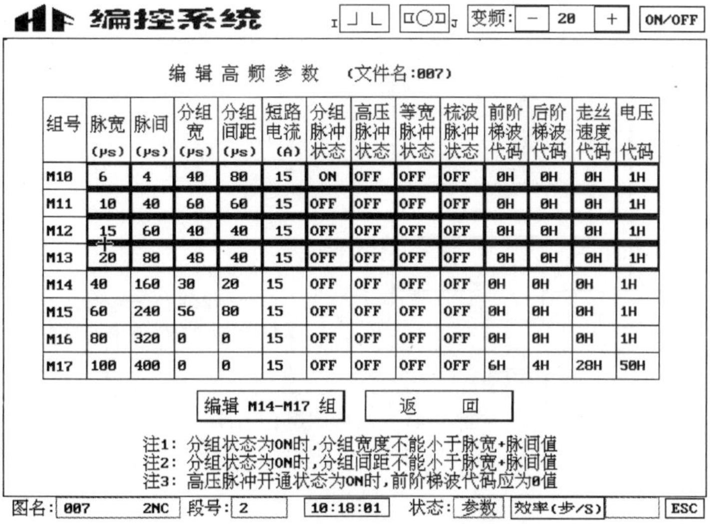

图4-45 线切割加工参数编辑界面

在此界面可以编辑所需加工的参数，默认情况下只能编辑组号为 M10~M13 的参数，单击"编辑 M14~M17 组"按钮可编辑其他的 4 组的参数（新建文件时，系统默认的电流值需重新设定，否则加工参数将无法送出）。编辑好后，单击"返回"按钮，返回到图 4-44 所示界面。单击"参数的文件名"按钮调用加工文件名。

如果是多次切割，则加工的电参数设置完成后，单击"返回"按钮，返回到图 4-39 所示加工界面；如果是一次切割，单击"送高频参数"按钮，进入参数发送界面，如图 4-46 所示。

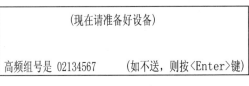

图 4-46 发送参数界面

输入所需的加工参数的组号（0~7），按〈Enter〉键返回到图 4-39 所示的加工界面。在传输数据过程中，面板上的传输错误指示灯亮，传输结束且正确，指示灯灭；如果指示灯常亮，则说明加工电参数传输不成功，需重新传送，直到成功为止。

6) 打开图 4-39 加工界面上的"I""J"开关（该开关分别与赛特数控系统中的"F10""F11"功能相同），调节好合适的变频数值，该数值越大表示切割速度越慢，反之，切割速度越快（切割快慢的选择主要取决于加工工件的厚度，工件厚度增大其数值相应增大；工件厚度减小其数值相应减小）。单击"切割"按钮，进行工件加工，直至加工结束。

4.5.3 实训思考题

编制图 4-47 所示的双燕尾组合工件线切割加工的加工工艺单，并利用线切割加工机床加工出实物。

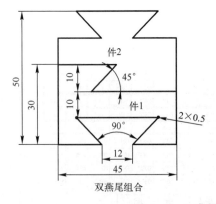

图 4-47 双燕尾组合工件

4.6 实训六 微型电动机转子凹模镶件及凸模的线切割加工

4.6.1 实训目的

了解凸凹模零件在模具中的作用及工艺要求；完成凸凹模零件加工前准备工作；掌握凸凹模的线切割加工方法以及凸模与凹模之间配合间隙的控制方法。

4.6.2 实训内容

1. 工艺分析

凹模镶件与凸模是模具中常见的模具零件，本次实训是以微型电动机转子凹模镶件及凸模为例，如图 4-48 所示。该凹模镶件的线切割加工属于内孔与外轮廓相结合的加工，既要保证尺寸精度，又要保证内孔与外形的位置精度。因此，将采用先切割内孔再切割外形的方法，让线切割机床自动控制其位置精度。

凸模的线切割加工在考虑尺寸精度的同时，还应考虑与凹模配合的精度，这里将运用改变补偿量的方法来控制其配合精度。

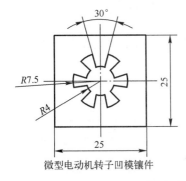

技术要求：
1. 凸模与凹模双边配合间隙为 0.03mm。
2. 凸模以凹模尺寸配割。

微型电动机转子凹模镶件　　微型电动机转子凸模

图 4-48　微型电动机转子凹模镶件及凸模

2. 加工准备

1) 打穿丝孔，参看第三章 3.2.2 中穿丝孔的准备内容。
2) 工件装夹，参看本章 4.3 实训三的内容。
3) 绘图编程，参看本章 4.2 实训二的内容。在切割凹模镶件时，引导线需要画两条，如图 4-49 所示。经过程序的编制后，其结果如图 4-50 所示。

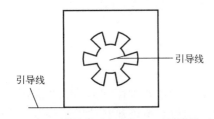
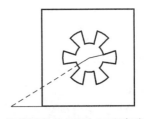

图 4-49　凹模镶件线切割加工引导线的画法　　图 4-50　凹模镶件线切割加工程序编制后结果

3. 凹模镶件的线切割加工

1) 将电极丝穿入到穿丝孔内。
2) 按照"角度样板"的线切割加工步骤进行加工。
3) 当工件内孔加工完毕后,机床将自动暂停,这时将电极丝从内孔中拆下。
4) 关闭机床加工界面上的"F10",按下空格键,选择"继续"按钮,机床将按照图 4-47 所示的虚线路径空走到切割外形时的起始点。
5) 将电极丝穿到储丝筒上。
6) 继续加工,直至加工完毕。

4. 凸模的线切割加工

凸模线切割加工与"角度样板"的加工步骤基本一致,但是图 4-45 所示的技术要求没有给出具体尺寸,只知道与凹模的双边配合间隙为 0.03 mm。因此先按照凹模的尺寸进行绘图,在补偿量中输入 0.085 mm 的数值进行加工。

在线切割加工外形时,输入的补偿量大于实际补偿量,尺寸将变大;输入的补偿量小于实际补偿量,尺寸将变小。加工内孔时,正好相反。

加工补偿量的确定如下。

加工补偿值=实际补偿值(0.1)-双边配合间隙/2

4.6.3 实训思考题

编制如图 4-51 所示齿轮的线切割加工的加工工艺单,并利用线切割加工机床加工出实物。

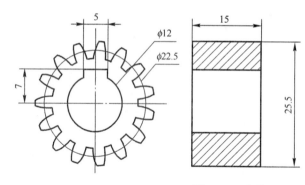

齿数	15
模数	1.5
压力角	20°
齿顶高系数	1
齿顶隙系数	0.25
齿根过渡圆角	0.35
齿型	直齿渐开线

图 4-51 齿轮

4.7 实训七 慢走丝线切割机床基本操作

4.7.1 实训目的

了解慢走丝线切割机床的结构;理解操作面板、手控盒各操作键的功能及操作方法;掌握电极丝自动供给装置的使用方法及其基本的操作;能够在电极丝自动供给装置上正确安装电极丝。

4.7.2 实训内容

本节以三菱 FA 系列慢走丝线切割机床为例。

1. 慢走丝线切割机床的构成

慢走丝线切割机床主要由机床本体、控制装置、电极丝自动供给装置、工作液供给装置等结构组成,如图 4-52 所示。

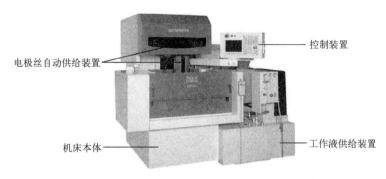

图 4-52 慢走丝线切割机床

2. 操作面板

慢走丝 FA 系列线切割机床系统的操作面板,如图 4-53 所示,主要由图形显示区、指示灯、操作键、主菜单、数据控制键等部分组成。各指示灯、操作键的概要,见表 4-1。

表 4-1 各指示灯、操作键概要

序 号	操作键及指示灯名称	功 能 简 述
1	POWER ON	将控制装置及机床的电源设为 ON
2	POWER OFF	将控制装置及机床的电源设为 OFF,电源关闭后不久画面消失。若要将 NF 设为 OFF,应在电源 ON 指示灯熄灭之后进行,将 NF 设为 OFF 后,UPS(不间断电源装置)可能仍继续发出声音,约 1 min 后停止
3	EMERGENCY STOP	机床全部动作完全被锁定,只有控制装置在动作
4	Reset	复位键持续按 1 s 以上或连续按 2 次才有效。若在运行中按下该键,则控制装置内部指令值寄存器和缓冲寄存器等将被清零,而且下一个程序段的内容及各轴的残余距离数据将被清除,程序错误、NC 警告指示灯也熄灭
5	Contact 指示灯	当电极丝与工件接触时该指示灯点亮
6	Alarm 指示灯	当发生警告时该指示灯点亮
7	HD Access 指示灯	访问控制装置的 HD 时该指示灯点亮
8	HD Warmup 指示灯	电源 ON 时,若控制装置周围的气温在 5℃以下该指示灯点亮,此时画面上显示[NO DISK ERROR],加热器启动。若控制装置周围的气温超过 5℃,则[NO DISK ERROR]的显示画面消失,系统启动

(续)

序号	操作键及指示灯名称	功能简述	
9	Ready	POWER 设为 ON 之后，若将 Ready 设为 ON，则指示灯点亮，控制装置进入工作状态	
10	Screen off	将画面的背光设为 OFF	
11	Manual/Auto	切换运行模式。该指示灯熄灭时为自动模式，显示监控界面；点亮时为手动模式，显示步骤界面。 此外，若将［维护→环境设定］的［画面模式选择分离］开关设为 ON，即使按下〈Manual/Auto〉键，画面也不进行切换，只能切换运行模式	
12	Rapid Fill	使工作液快速充满工作液槽，指示灯点亮	
13	Drain	在工作液充满的状态下设为 ON 后，指示灯亮，工作液被排出到工作台。在该状态下，如果再一次将排出设为 ON，则指示灯熄灭，工作液从工作液槽中被完全排除	
14	F. High/F. Low	指示灯熄灭时工作液喷射压力变弱；指示灯点亮时工作液喷射压力变强	
15	Key Lock	该指示灯点亮时，除〈EMERGENCY STOP〉〈Ready〉〈POWER OFF〉〈Key Lock〉以外的所有键将被锁定，手控盒上的键也被锁定	
16	Fluid on	工作液流动时使用，该指示灯点亮则工作液流动，指示灯熄灭则工作液静止	
17	Wire Feed	使电极丝具有一定的张力，进给电极丝时使用	
18	Machining	在电极丝与工件之间加电压，使之处于放电加工状态	
19	Start	自动运行时使用。该指示灯点亮表示开始自动加工	
20	Stop	在自动运行状态下执行 NC 程序时，想中途停止时使用	
21	WorkPiece Setup 菜单	进行向任意位置移动、接触定位、计算锥形各参数、回退到零点等步骤作业的画面	
22	E. S. P. E. R 菜单	设定加工必要的各种数据的画面，程序检验和加工预测也在该画面中进行	
23	Monitor 菜单	确认当前加工状态的画面	
24	Maintenance 菜单	进行维护项目的质量管理及 AF 维护指导等日常检验项目的向导显示，机床的运行状态检验及警告处理显示等	
25	E-Condition 菜单	显示当前有效的加工条件以及加工条件一览	不用进行烦琐的画面切换，在主画面上可重叠表示
26	Variable 菜单	显示变量一览	
27	Program 菜单	进行程序一览的显示及程序的编辑	
28	Position 菜单	进行当前位置、位置计数和机械坐标等坐标值的显示	
29	M1~M8 按键	进行主菜单、重叠窗口的详细功能选择及子画面的切换	
30	S1~S10 开关	切换开关的 ON/OFF。画面内的开关状态切换时功能处于有效的状态	
31	→、←、↑、↓按键	在加工条件、变量等表中移动焦点的移动键，在部分界面中也可以进行项目之间的移动	
32	PageUP/PageDOWN	一个画面内显示不下时，用于切换上、下页	
33	字母、数字等按键	输入数据时使用	

第4章 线切割加工实训

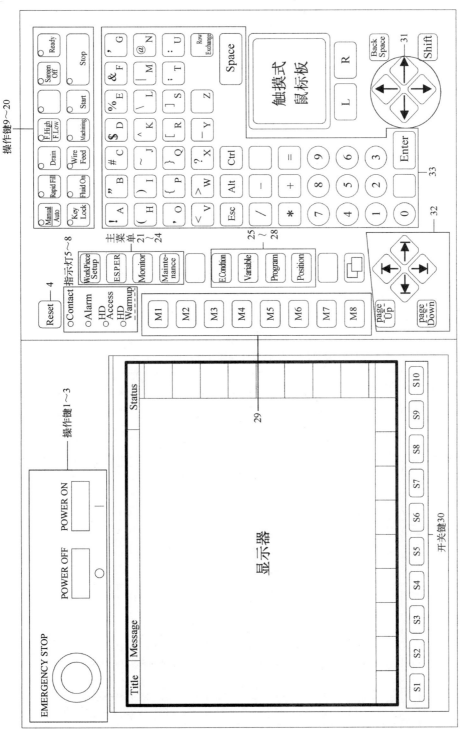

图4-53 FA系列操作面板

3. 手控盒

手控盒通过电缆与控制装置相连,其界面如图4-54所示。界面中各按钮具体功能,见表4-2。

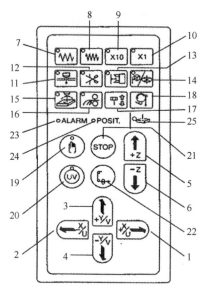

图4-54 FA系列手控盒

表4-2 手控盒各按钮功能说明

序 号	手控盒按钮	功 能 简 述
1		使机床的X/U轴向"+"方向移动
2		使机床的X/U轴向"-"方向移动
3		使机床的Y/V轴向"+"方向移动
4		使机床的Y/V轴向"-"方向移动
5		使机床的Z轴向"+"方向移动
6		使机床的Z轴向"+"方向移动
7		指示灯点亮时,机床各坐标轴高速移动模式
8		指示灯点亮时,机床各坐标轴中速移动模式
9		指示灯点亮时,机床各坐标轴微动模式,轴移动距离为5μm
10		指示灯点亮时,机床各坐标轴微动模式,轴移动距离为1μm
11		动作过程中指示灯点亮,穿入电极丝
12		动作过程中指示灯点亮,切断电极丝

(续)

序号	手控盒按钮	功 能 简 述
13		动作过程中指示灯点亮,利用锥形加工装置和垂直度测量仪自动得到相对于电极丝底座的垂直度
14		指示灯点亮时,端面定位(对电极丝相对于工件端面的位置进行自动定位) 指示灯熄灭时,孔中心定位(使电极丝自动对工件的基准孔进行中心定位)
15		动作过程中指示灯点亮,喷射水流从喷嘴中在一定时间内喷出
16		动作过程中指示灯点亮,下部回收电极丝动作
17		指示灯点亮,导管为下降的状态;指示灯熄灭,导管为上升状态
18		指示灯点亮时,使电极丝供给电动机旋转,进行送丝
19		指示灯点亮时,为手动模式; 指示灯熄灭时,为自动运行模式
20		指示灯点亮时,为 U、V 轴移动模式; 指示灯熄灭时,为 X、Y 轴移动模式
21	(STOP)	各种动作均停止
22		对具有一定张力的电极丝进行送丝时使用
23	ALARM 指示灯	发生报警时,指示灯点亮
24	POSIT 指示灯	执行定位(端面定位、中心定位)时,指示灯点亮
25	指示灯	电极丝与工件接触时指示灯点亮

4. 电极丝的初始安装

电极丝的初始安装即首先将电极丝绕丝筒安装在绕丝筒轴上,然后将电极丝通过运丝机构及自动供给装置,其具体安装步骤如下。

1)按照空转轮、滑轮、电极丝断丝检测轮的顺序接上电极丝,如图 4-55 所示。

2)将电极丝从缺口穿到防脱轮板的缺口上。

3)用右手拿电极丝,一边降低 MT 夹送辊 B 的高度,一边将电极丝穿到主张紧轮和 MT 夹送辊 B 之间。

4)用左手使 MT 夹送辊 A 处于相对主张紧轮向右偏离的状态,之后顺时针旋转固定销,使 MT 夹送辊 A 固定为开放状态。

5)将电极丝从 MT 夹送辊 A 和张紧轮的间隙连到导管之后,向下张紧,使电极丝紧贴主张紧轮的圆周。

6)使固定销返回原位,并让 MT 送夹辊 A 紧贴主张紧轮之后,用压丝轮保持电极丝。将电极丝连到毛毡前。在每次更换电极丝绕线筒时,让压丝轮的毛毡旋转,使未使用的部分接触到电极丝。

7)顺时针旋转位于主张紧轮上的手柄拉出电极丝,让电极丝的端部到达工作台后,剪断电极丝。

8)将预张紧 ON/OFF 开关设为 ON。

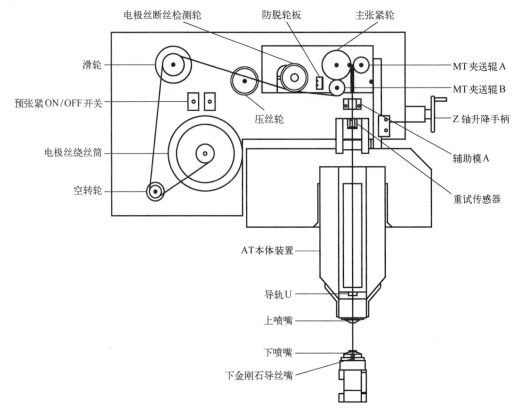

图 4-55 电极丝的初始安装步骤图

9）预先调整好进行自动穿丝的 Z 轴高度，打开电极丝自动供给装置的前盖。

10）按下 NC 装置的开关状态"管下"，降下导管单元，同时打开压丝轮。

11）将电极丝从上辅助导向器 B 插入，在导管单元的导向器处从上方导入电极丝头部。

12）将电极丝头部穿过上导丝嘴，并继续送入直到从工作液喷嘴中伸出。

13）确认电极丝没有松弛后，按下开关状态"管上"，使导管单元回到上限。此时应注意手不要被夹在主轴头与机床本体单元的电极丝压轮之间。

14）关闭电极丝自动供给装置的前盖。

15）从上导丝嘴的正下方拉出电极丝，使电极丝自动供给装置上的电极丝松弛。在高于上导丝嘴 10 mm 处切断电极丝。

16）按下开关状态键"AT 切断"进行自行切断电极丝。

至此完成电极丝的初始安装。

5. 电极丝自动供给装置的使用方法

电极丝自动供给装置的相关操作通过操作面板的开关状态键及电极丝供给面板的预张紧开关进行。

（1）手动电极丝穿丝方法

手动方法用于在电极丝断丝处进行穿丝等难以自动穿丝的情况。

1）选择"导管下"开关。

2）旋转主张紧轮的手柄送出电极丝。电极丝的直径大于 0.25 mm 时，在按下"馈电极退避"按钮之后送出电极丝。

3) 选择"下部回收"。

4) 将电极丝穿到下喷嘴。

5) 继续送出电极丝直到电极丝到达回收箱。

6) "下部回收"的反转消失之后穿丝完成。

7) 按下"导管上"开关使导管返回原位。当电极丝直径大于 0.25 mm 时,按下"馈电极退避"使馈电极返回原位。

(2) 电极丝自动穿丝

自动穿丝的操作及注意事项,见表 4-3;自动切断的操作及注意事项,见表 4-4;自动测试的操作及注意事项,见表 4-5;导管上的操作及注意事项,见表 4-6;导管下的操作及注意事项,见表 4-7;自动清扫的操作及注意事项,见表 4-8;下部回收的操作及注意事项,见表 4-9;馈电极退避的操作及注意事项,见表 4-10;切屑吸引的操作及注意事项,见表 4-11;导轨倾斜的操作及注意事项,见表 4-12;预张紧开关(位于电极丝进给面板)的操作及注意事项,见表 4-13;电极丝进给的操作及注意事项,见表 4-14。

表 4-3 自动穿丝

功　能	自动进行电极丝穿丝
操作/动作	① 按下开关状态键"AT 穿丝",开关状态呈现反转显示。 ② 电极丝被送出、喷射水流、下部回收动作,自动进行电极丝穿丝。 ③ 检验穿丝完成后,喷射水流和下部回收停止动作。 ④ 开关状态的反转显示消失
注意事项	① 电极丝预先用"AT 切断"进行切断。 ② 将预张紧开关设为"合"。 ③ 若电极丝直径的输入错误,可能无法进行穿丝,应正确输入电极丝直径。 ④ 穿丝失败时,将自动切断并反复进行穿丝直到规定的次数(默认值为 5 次)。若穿丝动作达到规定的次数仍无法成功则停止。 ⑤ 通过操作面板的开关状态键进行穿丝和切断时,若切断的电极丝残留在下导丝嘴和电极丝回收箱之间,将"Wire Feed"设为"ON"使电极丝回收到电极丝回收箱。 ⑥ 对应的 NC 代码为"M20"

表 4-4 自动切断

功　能	自动进行电极丝的切断
操作/动作	① 按下开关状态键"AT 切断",开关状态呈现反转显示。 ② 电极丝到达电极丝回收箱时,切断后的电极丝被回收到电极丝回收箱;电极丝未到达电极丝回收箱时,切断后的电极丝被回收到切屑回收箱。 ③ 开关状态的反转显示消失
注意事项	① 将预张紧开关设为"合"。 ② 若电极丝直径的输入有误,可能无法进行穿丝,应正确输入电极丝直径。 ③ 若由于某种原因经过一定时间后仍不能切断,将报警并停止。 ④ 电极丝没到达回收箱无法切断时,将报警并停止。 ⑤ 通过操作面板的开关状态键或手控盒进行穿丝、切断动作时,若切断的电极丝残留在下导丝嘴和电极丝回收箱之间,将"Wire Feed"设为"ON"使电极丝回收到电极丝回收箱。 ⑥ 对应的 NC 代码为"M21"

表 4-5 自动测试

功　能	喷出喷射水流 确认喷射水流与工件的起始孔是否合适，以便于穿丝
操作/动作	① 按下开关状态的"AT测试"，开关状态呈现反转显示。 ② 喷射水流喷出、下部回收电极丝也动作。 ③ 开关状态的反转显示消失，喷射水流和下部回收均停止
注意事项	动作过程中各坐标轴可以移动

表 4-6 导管上

功　能	上升降下的导管
操作/动作	① 按下开关状态键"导管上"，开关状态呈现反转显示。 ② 导管上升。 ③ 压丝轮关闭
注意事项	导管升高时不动作

表 4-7 导管下

功　能	下降导管，空气在一定时间内排出来。 用于电极丝自动供给装置初始设定电极丝时
操作/动作	① 按下开关状态键"导管下"，开关状态呈现反转显示。 ② 导管降下，空气在一定时间内排出来。 ③ 保持压丝轮打开的状态
注意事项	① 动作完成后进行"导管上"的操作，使导管返回到上位。 ② 导管下时，只有空气吹出

表 4-8 自动清扫

功　能	切屑导轨翻倒、导管降下、空气吹动。 用于清扫导管的喷嘴
操作/动作	① 按下开关状态键"AT清扫"，开关状态呈现反转显示。 ② 切屑导轨翻倒、导管降下、空气吹动。 ③ 开关状态的反转显示消失，切屑导轨返回原位，导管升高
注意事项	电极丝张紧的状态下，不要使用

表 4-9 下部回收

功　能	使下部回收动作。 用于手动穿丝时等
操作/动作	① 按下开关状态键"下部回收"，开关状态呈现反转显示。 ② 下部回收液流动。 ③ 用"STOP"使下部回收液停止、回收轮关闭，同时压丝轮也关闭。 ④ 手动穿丝时，当检测出穿丝完成后将自动停止
注意事项	在检测出穿丝完成的状态下不动作

表 4-10　馈电极退避

功　能	馈电极退避一定时间。 用于用馈电极夹入电极丝及手动穿丝时
操作/动作	① 按下开关状态键"馈电极退避"，开关状态呈现反转显示。 ② 馈电极退避。 ③ 开关状态的反转显示消失，馈电极返回原位
注意事项	可与开关状态"导管上""导管下"并用。 用复位、停止使馈电极返回原位

表 4-11　切屑吸引

功　能	在切屑回收软管内产生一定时间的吸力。 回收切屑通管和切屑回收软管内的切屑时使用
操作/动作	① 按下开关状态键"切屑吸引"，开关状态呈现反转显示消失。 ② 在切屑回收软管内产生吸力。 ③ 开关状态的反转显示消失，动作停止
注意事项	可与开关状态"导轨倾斜"并用

表 4-12　导轨倾斜

功　能	倾斜切屑导轨。 用刷子等清扫切屑导轨、切屑通道和切屑回收软管内的切屑时使用
操作/动作	① 按下开关状态键"导轨倾斜"，开关状态呈现反转显示消失。 ② 切屑导轨倾斜。 ③ 再按一次开关状态的"导轨倾斜"时，切屑导轨返回原位，开关状态的反转显示也消失
注意事项	可与开关状态"切屑吸引"并用。 用复位、停止使切屑导轨返回原位

表 4-13　预张紧开关

功　能	在电极丝绕线筒上施加与电极丝进给方向相反的力，防止电极丝松弛
操作/动作	① 将拨动式小开关置于"合"则动作开始。 ② 将拨动式小开关置于"关"则动作停止
注意事项	通常设为"合""关"状态下不能加工

表 4-14　电极丝进给

功　能	使电极丝进给电动机旋转，送出电极丝。 用于手动穿丝时等
操作/动作	① 执行"导管下"的操作，降低导管。 ② 按开关状态键"电极丝进给"，在按下期间，电极丝被送出。 ③ 使开关状态脱离"电极丝进给"后停止
注意事项	执行加工程序前，需关闭"电极丝进给"

4.7.3　实训思考题

1. 简述三菱 FA 系列慢走丝线切割机床的结构，操作面板和手控盒各按钮的含义及作用。

2. 在慢走丝线切割机床上完成电极丝的安装及穿丝操作。

第 5 章

电加工机床的安装与调试

电加工机床的安装与调试是其初次就位使用前的第 1 步。正确地安装电加工机床并进行调试是保证其投入正常生产的必要步骤，只有达到电加工机床的工作性能要求才能将其投入生产。

本章以新火花机床为例主要学习包括电加工机床的机械结构、电器控制系统、主要机械零部件的装配、机床的安装与调试及机床精度的检测等相关内容。

5.1　机床的机械结构与装配

5.1.1　线切割机床的机械结构

在第 3 章的 3.1 节中简要介绍了线切割机床的基本构成，本节详细介绍其机械结构。机床是线切割加工设备的主要组成部分，包括床身、工作台、运丝机构和工作液过滤系统等。机械结构的好坏、精度高低会直接影响加工工件的质量。在实际应用中，必须对机床的机械结构和精度有一定的要求，这样才能保证加工精度。

线切割机床中很多地方都需要使用电动机来驱动，表 5-1 列出了线切割机床不同部位使用电动机的名称。

表 5-1　线切割机床使用电动机名称

使 用 部 位	电动机名称
工作台 X、Y 坐标轴移动	反应式步进电动机
	高速步进电动机
	交流伺服电动机
Z 轴升降	单向感应电动机
U、V 轴移动	反应机式步进电动机
储丝筒旋转	三相感应电动机
工作液过滤系统	单向水泵电动机

1. 进给传动系统的机械传动结构

线切割机床是高精度、高效率的自动化机床。其加工过程中运动部件的坐标位置是按预先编制的加工程序自动赋值的,操作者在加工过程中无法干预。其进给运动是数字控制的直接对象,工件的尺寸精度、形状精度及位置精度都受到进给运动的传动精度、灵敏度和稳定性的影响。

因此,进给传动系统应具备摩擦阻力小、传动精度和刚度高的特点,同时,各运动部件还应考虑有适当的阻尼,以保证系统的稳定性。进给传动系统的传动精度和刚度,从机械结构方面考虑主要取决于传动间隙、丝杠螺母副及支撑结构的精度和刚度。传动间隙主要来自传动齿轮副、丝杠螺母副及支撑部件之间,因此进给传动系统广泛采取施加预紧力或其他消除间隙的措施。缩短传动链和在传动链中设置减速齿轮,也可提高传动精度。加大丝杠直径,以及对丝杠螺母副、支撑部件、丝杠本身施加预紧力是提高传动刚度的有效措施。

线切割机床工作台由拖板、导轨、滚珠丝杠、齿轮传动副 4 部分组成,如图 5-1 所示。

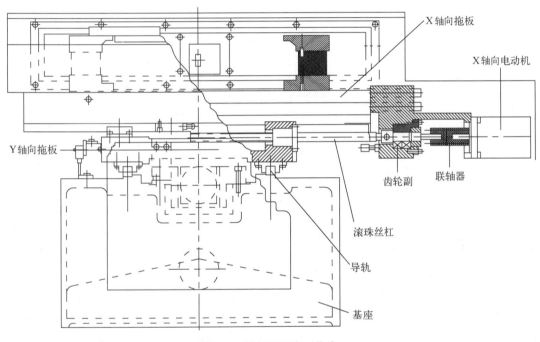

图 5-1 线切割机床工作台

(1) 拖板

拖板主要由下拖板、中拖板、上拖板和工作台 4 部分组成。通常下拖板与床身固定连接,中拖板置于下拖板之上,上拖板置于中拖板之上。中拖板运动方向为坐标 Y 轴方向,上拖板运动方向为坐标 X 轴方向。其中,上、中拖板一端呈悬臂形式,以放置拖动电动机。

为在减轻重量,增加拖板的结合面,提高工作台的刚度和强度,应使上拖板在全行程中不伸出中拖板,中拖板不伸出下拖板。这种结构的坐标工作台所占面积较大,电动机置于拖板下面,增加了维修的困难。

(2) 导轨

坐标工作台的 X、Y 轴向拖板是分别沿着两条导轨往复运动的，因此机床对导轨的精度、刚度和耐磨性要求较高，导轨直接影响坐标工作台的运动精度。导轨与拖板固定，保证运动灵活平稳。目前，线切割机床普遍采用滚动导轨，因为滚动摩擦系数小，需要的驱动力小，运动轻便，反应灵敏，定位精度和重复定位精度高，但滚动导轨的抗振性差。

滚动导轨材料为钢，淬硬性高、精度高、耐磨性高、使用寿命长，能使工作台实现精确的微量移动，并且润滑方法简单。滚动导轨有滚珠导轨、滚柱导轨等多种形式。在滚珠导轨中，钢珠与导轨是点接触，承载能力不能过大；在滚柱导轨中，滚柱与导轨是线接触，有较大的承载能力。为了保证导轨精度，各滚动体的直径误差一般不应大于 0.001 mm。在线切割机床中，导轨的常用组合方式有以下两种。

1) 交叉式滚动导轨。

交叉式滚动导轨是由两根具有 V 形滚道的导轨、滚子保持架、圆柱滚子等组成，相互交叉排列的圆柱滚子在经过精密磨削的 V 形滚道上往复运动，如图 5-2 所示。

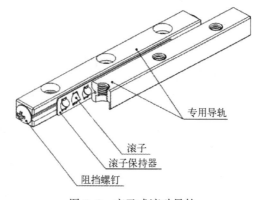

图 5-2　交叉式滚动导轨

交叉式滚动导轨在机床上的使用，如图 5-3 所示。承导件是两条 V 形导轨，运动件上两根与承导件相对应的导轨中，一根是 V 形导轨，另一根是平导轨。这种结构具有较好的工艺性，制造、装配、调整都比较方便，同时导轨与滚珠的接触面积也较大，受力较均匀，润滑条件较好（因 V 形面朝上，易存储润滑油）。缺点是拖板可能在外力作用下向上抬起，并因此影响传动。当搬运使用这种导轨形式的机床时，必须将移动件固定在床身上。对于滚柱导轨，也常用上述组合方式，在大、中型快走丝线切割机床中广泛采用。

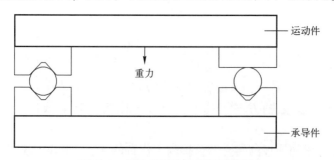

图 5-3　交叉式滚动导轨使用简图

2) 直线滚动导轨。

直线滚动导轨由滑块、导轨、钢球或滚柱、保持器、反向器、自润滑块及密封装置组成，图 5-4 所示为直线滚动导轨的结构图。在导轨与滑块之间装有钢珠或滚柱，使滑块与导轨之间的摩擦变成滚动摩擦。当滑块与导轨做相对运动时，钢球沿着导轨上经过淬硬和精密磨削加工而成的 4 条滚道滚动，在滑块端部钢球又通过反向器进入反向孔后再循环进入导轨滚道，反向器两端装有防尘密封垫，可有效防止灰尘、屑末进入滑块。有的滑块装有自润滑装置，不用再加注润滑油。

直线滚动导轨的特点是能承受垂直和水平方向相等额定载荷，额定载荷大、刚性好、抗颠覆力矩大；还可以根据需要调整预紧力，实现高定位精度和重复定位精度。但是抗振性不如滑动导轨，为了提高抗振性，有的直线滚动导轨装有抗振阻尼滑块，如图 5-5 所示。

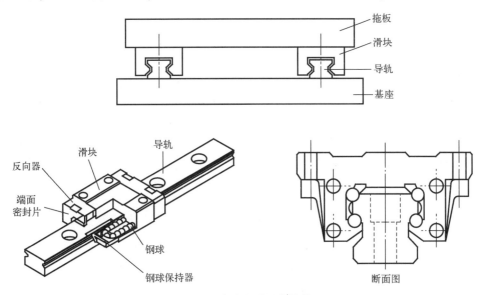

图 5-4 直线滚动导轨结构

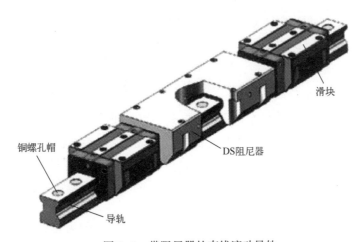

图 5-5 带阻尼器的直线滚动导轨

直线滚动导轨通常成对使用,可以水平安装,也可以竖直或倾斜安装。有时也可以多个导轨平行安装,当滑动长度不够时可以多根接长安装。安装定位有两种方式:单导轨定位和双导轨定位。

为保证两条导轨平行,通常把其中一条导轨作为基准导轨,安装在床身基准面上,底面和侧面都有定位面。另一条导轨为非基准导轨,床身上没有侧向定位面,固定时以基准导轨为定位面固定。单导轨定位易于安装,容易保证平行,对床身没有平行侧向定位面的要求。双导轨定位安装方式适用于振动和冲击较大、精度要求较高的机床。

(3) 丝杠传动副

丝杠传动副由丝杠和螺母组成。丝杠传动副的作用是将电动机的旋转运动装换为拖板的直线运动。丝杠传动副的传动齿形有三角形普通螺纹、梯形螺纹和圆弧形螺纹 3 种。其中,三角螺纹丝杠和梯形螺纹丝杠结构简单、制造方便,但其传动为滑动摩擦,传动效率低。因此,在线切割机床中常采用圆弧形螺纹,通过滚珠实现丝杠副的传动,使拖板往复运动轻巧灵活,这种丝杠副称为滚珠丝杠副。

滚珠丝杠副由丝杠、螺母、滚珠、反向器、注油装置和密封装置组成,如图 5-6 所示。螺纹为圆弧形,螺母与丝杠之间装有滚珠,使滑动摩擦变为滚动摩擦。反向器的作用是使滚珠沿圆弧轨道向前运行,到前端后进入反向器,返回到后端,再循环向前。滚珠的循环方式有外循环和内循环两种,如图 5-7、图 5-8 所示。滚珠在返回过程中与丝杠脱离接触的为外循环;滚珠循环过程中与丝杠始终接触的为内循环。

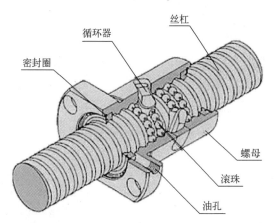

图 5-6 滚珠丝杠副结构示意图

滚珠丝杠副的优点:滚动摩擦系数小、传动效率可达 90%以上,是滑动丝杠的 3 倍。根据需求可施加不同预紧力,来消除螺母与丝杠之间的间隙。由于螺母、丝杠、滚珠经过淬火处理,表面硬度达 52~62HRC,所以其磨损小、寿命高,能实现高定位精度和重复定位精度的传动。

(4) 齿轮副

电动机与丝杠间的传动通常采用齿轮副来实现。参加传动的齿轮越多,传动阻力越大,齿面易磨损,传动易产生齿轮间隙,导致机床工作台的系统误差也大。多个齿轮如果装配不好,还易产生偶然误差,所以传动齿轮越少越好,采用一对齿轮传动误差最小。仔细查看工作台传动齿轮箱的工作环境、润滑性能。要检查工作台齿轮箱的位置,确保切削液不能浸入,另外对锥度装置齿轮的润滑、防液措施也同样重要。这一点对机床精度稳定性至关重要。

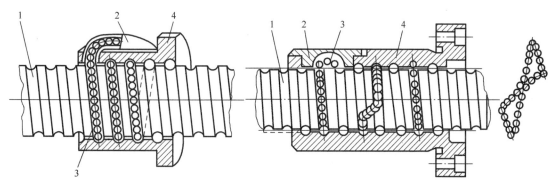

图 5-7 外循环滚珠丝杠副
1—丝杠 2—反向器 3—滚珠 4—螺母

图 5-8 内循环滚珠丝杠副
1—丝杠 2—反向器 3—滚珠 4—螺母

由于齿侧间隙、轴和轴承之间的间隙及传动链中的弹性变形的影响,当步进电动机主轴上的主动齿轮改变方向时,会出现传动空程。减少和消除齿轮传动空程的一般方法如下。

1) 齿轮减速级数小,从结构上减少齿轮传动精度的误差。
2) 采用齿轮副中心距可调整结构,通过改变步进电动机的安装位置来实现。
3) 将被动齿轮沿轴向剖分为双轮的形式。装配时应保证两轮齿廓分别与主动轮齿廓的两侧面接触,当步进电动机变换旋转方向时,丝杠都能迅速得到相应反应。
4) 通过联轴器把步进电动机与丝杠直接相连。

2. 运丝机构

快走丝线切割机床的运丝机构由丝架、储丝筒和导轮部件组成,如图 5-9 所示。丝架对电极丝、导轮、导电块和工作液管路有支撑作用,将储丝筒的电极丝引到丝架的上下支撑导轮上,再返回储丝筒以形成电极丝的高速运行轨迹。储丝筒应确保能够均匀地将电极丝缠绕在其上,使电极丝能够进行往复高速运动。导轮的作用是引导电极丝,使电极丝在高速运动中始终保持精确定位,是保证加工精度和工件表面粗糙度的关键部件之一。

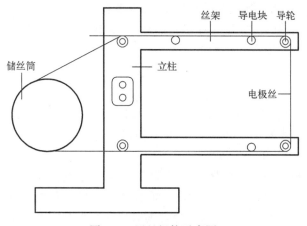

图 5-9 运丝机构示意图

(1) 丝架的结构

丝架是运丝机构的组成部分，主要作用是支撑电极丝，使电极丝与工作台保持一定的角度，同时也作为工作液管路的支撑。由图 5-9 所示的运丝机构结构示意图可看出，由于支撑电极丝的导轮安装在丝架上，而且位于丝架的前端，当电极丝运动时电极丝应保持足够的张力，丝架本体不能产生振动，更不能产生变形，因此丝架须有足够的刚度和强度。同时由于导电块也安装在丝架上，这就要求丝架和床身具有很好的绝缘性，当然导电块与丝架之间必需先做到绝缘，否则加工不稳定。目前，快走丝线切割机床的丝架一般采用单柱支撑双臂悬梁式结构，为了切割不同厚度的工件，通常采用丝臂张开高度可调式丝架结构，如图 5-10 所示。

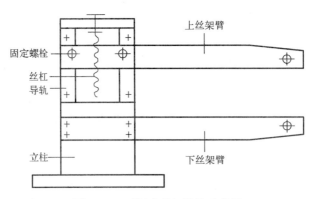

图 5-10 可调式丝架结构示意图

由图 5-10 可看出，可调式丝架是通过上丝架臂沿着导轨上下移动来实现的，其移动的距离由丝杠副调节。调整高度时，先松开固定螺栓，用手柄旋转丝杠，丝杠带动固定在上丝架臂的螺母，使上丝架臂上下移动。调整完毕后，拧紧固定螺栓。为了适应丝架臂张开高度的变化，在丝架上下臂的后端应增设导轮。

(2) 走丝部分的结构

走丝部分由电动机、储丝筒、拖板、齿轮副、丝杠副等组成，如图 5-11 所示。储丝筒由电动机通过弹性联轴器带动，以 1400 r/min 的转速正反向转动。储丝筒另一端通过 3 对齿轮减速后带动丝杠转动。储丝筒、电动机、齿轮安装在两个支架上，支架及丝杠安装在拖板上，拖板在底座上来回移动。丝杠螺母带有消除间隙的副螺母及弹簧，齿轮及丝杠螺距的搭配决定储丝筒每旋转一圈拖板的移动量。

对储丝筒组件的要求：高速走丝机构储丝筒旋转时，还要进行相应的轴向移动，以保证电极丝在储丝筒上整齐排绕；储丝筒的径向跳动和轴向跳动量要小；储丝筒要能正反向旋转，电极丝的走丝速度在 7~12 m/s 范围内无级或有级可调，或恒速转动；走丝机构最好与床身相互绝缘；导轨、齿轮、丝杠副应具备润滑措施。

1) 储丝筒。

储丝筒是电极丝稳定移动和整齐排绕的关键部件之一，储丝筒用铝镁合金材料制造。为减小转动惯量，筒壁为 1.5 mm~5 mm。储丝筒壁薄厚均匀，工作表面有较好的表面粗糙度（小于 $Ra0.8\ \mu m$），储丝筒与主轴装配后径向跳动量应不大于 0.01 mm。

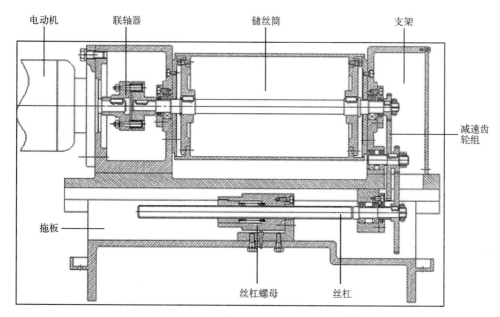

图 5-11 走丝部分结构示意图

2) 上下拖板。

走丝机构的上下拖板多采用三角/矩形组合式滑动导轨，如图 5-12 所示。由于储丝筒走丝机构的上拖板一侧装有运丝电极，储丝筒轴向两边负载差较大。为保证上拖板能平稳地进行往复移动，应把下拖板设计加长以使走丝机构工作时，上拖板可始终不滑出下拖板，从而保证拖板的刚度、机构的稳定性及运动精度。

3) 联轴器。

走丝机构中电动机轴与储丝筒中心轴，一般不采用整体长轴，而是利用联轴器将两者连接在一起。由于储丝筒运行时频繁换向，联轴器瞬间受到的正反剪切力很大。线切割机床一般采用弹性联轴器，如图 5-13 所示。弹性联轴器结构简单，惯性力矩小，换向较平稳，无金属撞击声，可减小对储丝筒中心轴的冲击，弹性材料采用橡胶、塑料或皮革。弹性联轴器的优点是对电动机轴与储丝筒中心轴的同轴度和平行度要求并不严格（最大同心度误差范围 0.2mm~0.5mm），缺点是由它连接的两根轴在传递扭矩时会有相对转动。

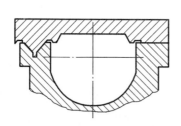

图 5-12 三角/矩形组合式导轨

图 5-13 弹性联轴器

4) 齿轮副与丝杠副。

走丝机构上拖板的往复运动是由 3 对减速齿轮副和一级丝杠副组成的。它使储丝筒在转动的同时可做相应的轴向移动，保证电极丝整齐地按一定排丝距离排绕在储丝筒上。在同一台机床上可使用多种不同直径的电极丝，随着电极丝直径的加大，排丝距离将减小，甚至会出现叠丝现象。为了避免此现象的发生，走丝机构一般通过换配齿轮改变储丝筒的排丝距离。

丝杠副螺纹配合容易产生间隙，如果间隙过大，在储丝筒换向时会发生电极丝重叠现象，而且更容易在此处造成松丝，影响加工质量。为了消除丝杠副螺纹配合间隙，可采用双螺母结构以减小间隙。当走丝电动机换向装置出现故障时，会导致丝杠副和齿轮副损坏。为防止此类故障发生，在齿轮副中一般采用尼龙齿轮代替部分金属齿轮。一旦发生故障，由于尼龙齿轮先损坏，丝杠副与走丝电动机就会得到保护，同时由于使用了尼龙齿轮代替了部分金属齿轮，也减少了振动和噪声。

（3）导轮部件结构

导轮部件是快走丝线切割机床的关键部件之一，对切割精度、切割表面粗糙度起至关重要的作用。导轮一般选用如 GCr15、W18Gr4V 等硬度高、耐磨性好的材料制作，也可以选用硬质合金或陶瓷材料制作导轮的镶件，来增强导轮 V 形工作面的耐磨性和耐蚀性。导轮本体结构，如图 5-14 所示。线切割机床导轮的安装支撑方式一般为双支撑结构，如图 5-15 所示。双支撑结构的优点是运动稳定性、刚度较高，不易发生变形及跳动。

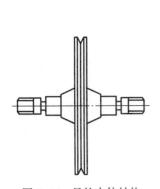

图 5-14　导轮本体结构

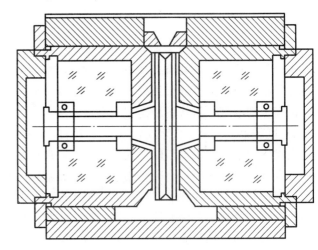

图 5-15　导轮双支撑结构

1) 对导轮组件的要求

① 导轮 V 形槽应有较高精度，槽底圆弧半径必须小于所选用电极丝半径，保证电极丝在导轮槽内运动时不产生横向偏移。

② 应减少导轮在高速运转时的转动惯量，在满足一定强度的要求下，尽量减轻导轮的重量，以减少电极丝换向时电极丝与导轮之间的滑动摩擦，导轮槽工作面应有足够的硬度和较低的表面粗糙度，以提高耐磨性。

③ 导轮装配后转动应轻便灵活，尽量减小轴向跳动和径向跳动。

④ 应设计有效的机械密封装置，防止工作液在加工过程中进入轴承；还应有注油装置，定期为轴承注油润滑，延长轴承的使用寿命和保证其精度的稳定性。

2）导轮的安装。

快走丝线切割机床的上、下导轮均安装在一对滚珠轴承上，随电极丝的移动而转动，转速约为 6000 r/min，并随着电极丝的反向而不断换向，每分钟约反向 3～4 次。导轮的工作条件很差，周围都是带电蚀微粒的冷却液，因此对导轮质量及其安装要求都很高。

导轮安装的关键是消除轴承间隙，减少导轮轴向跳动和径向跳动。轴承应选用 C 级或 D 级轴承，轴承间隙可以调整，避免滚动体和套环工作表面在负载作用下产生弹性变形，以及由此引起的轴向跳动和径向跳动。因此，常采用对轴承施加预负荷的方法来解决，具体做法是在两个支撑轴承外环间放置一定厚度的定位环来获得预负荷。预负荷必须选择适当，若轴承受预负荷过大，在运转时会产生急剧磨损。同时，轴承必须清洗得很干净，并在显微镜下检查滚道内是否还有金属粉末、碳化物等，轴承经清洗、干燥后，填以高速润滑脂，起润滑和密封作用。

3. 工作液循环过滤系统

工作液循环过滤装置的作用是在线切割加工时，把具有一定绝缘性能和清洁的工作液输送到放电间隙，并从加工区域中排除带有电蚀产物的工作液，以保证脉冲放电过程稳定进行。快走丝线切割机床的工作液循环过滤系统，如图 5-16 所示。它由工作液箱、工作液泵、流量控制阀、进液管、回液管及过滤装置等组成。工作液循环过滤系统一般不采用强制循环，其压力和流量小，结构简单，液箱体积小。

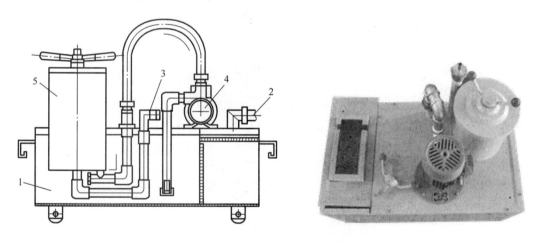

图 5-16 工作液循环过滤系统
1—工作液箱 2—回液管 3—进液管 4—工作液泵 5—过滤阀

新火花线切割机床采用工作液三级过滤装置，即回流到水箱的工作液通过软磁铁将切屑粉末自然沉淀过滤；将沉淀后的工作液经过隔层过滤板进行二级过滤；再将二级过滤后的工作液用纸芯进行三级过滤。

工作液的质量、清洁程度及供给方式对线切割加工起着很大的作用。工作液供给到工件上一般采用从电极丝四周进液的方法，即进液水嘴成环形，如图 5-17 所示。

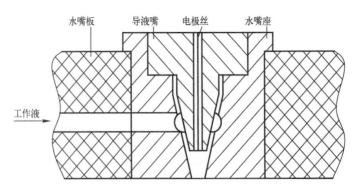

图 5-17 环形水嘴

5.1.2 电火花机床的机械结构

在第 2 章 2.1 节中简要介绍了电火花机床（以苏州 SPK 系列机床为例）的基本构成，本节将详细介绍其机械结构。电火花机床主体是机械部分，用于夹持工具电极及支撑工件，保证它们的相对位置，并实现电极在加工过程中的稳定进给运动。机床机械结构主要由床身、立柱、工作台、主轴、工作液槽及工作液循环过滤系统等部分组成，如图 5-18 所示。

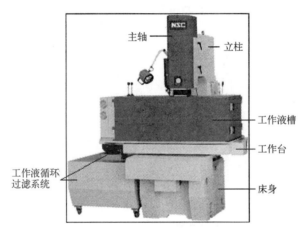

图 5-18 电火花机床主体

电火花机床的进给传动系统的机械传动结构主要由丝杠螺母副及导轨副等结构组成，它们主要特点已在 5.1.1 节中详细介绍过，这里不再重复。

1. 床身和立柱

床身和立柱是电火花机床的基础结构。立柱作为构件安装在床身上，主要用来夹持主轴头做上下运动，床身起支撑的作用。床身和立柱一般为铸铁件，应经过时效处理消除内应力，以尽可能减少变形。床身应具有足够的刚度、抗振性好、热变形小、易于安装调整等特点。床身和立柱的制造和装配必须满足尺寸精度、形状精度、位置精度以及两部件间的相互位置精度，才能保证加工过程中电极与工件的相对位置，保证工件的加工精度。

2. 工作台

工作台主要用来支撑和装夹工件。工作台上装有工作液箱，用来容纳工作液，液箱门有侧开式和升降式，液箱门的密封装置应确保加工过程中工作液不向液箱外渗透。工作台上一般都开设有T形槽或者工艺孔，用来装夹附件、固定工件。工作台应具有耐磨、平面精度高等特点。电火花机床的工作台为 XY 十字拖板结构，如图5-19所示。下拖板运动方向为坐标 Y 轴方向，上拖板运动方向为坐标 X 轴方向。上、下拖板一端呈悬臂形式，以放置拖动电动机。

图5-19　XY十字拖板结构工作台

3. 主轴

电火花机床的主轴是通过滑板安装在立柱上的，它是电火花机床的关键部件之一。其功能是：在加工过程中，调整和保持合理的放电间隙；装夹和校正电极位置；确定加工起始位置；预置加工深度等。加工到位后，主轴自动回升到合理位置。电火花机床主轴结构，如图5-20所示。

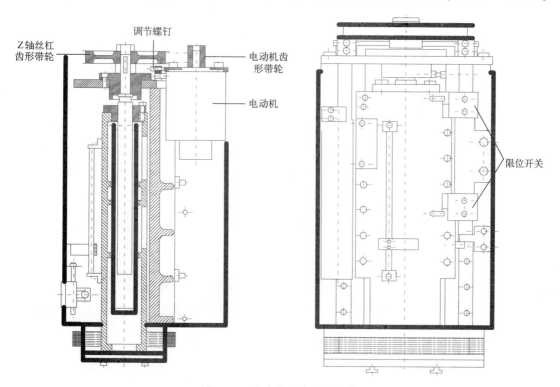

图5-20　电火花机床主轴结构

主轴的运动由直流伺服电动机驱动,采用精密滚珠丝杠副传动方式。移动导轨采用直线滚动导轨,主轴箱装在滑板上,通过交流电动机驱动,经带轮传动带动丝杠转动,从而实现滑板的移动。

主轴的质量直接影响加工的质量,如加工效率、加工精度等。具有高精密、高性能的主轴是高品质加工对设备的基本要求。主轴的辅助调节机构,主要是指深度控制装置。目前电火花机床主轴一般都是数控的,主轴能按预先设定的程序进行移动,其精度很高,且操作方便。

4. 工作液循环过滤系统

电火花加工是在液体介质中进行的,工作液的作用是使放电能量集中、强化加工过程、带走放电时所产生的热量和电蚀产物等。工作液循环过滤系统使工作液流经放电间隙将电蚀产物排出,并且对使用过的工作液进行存储、冷却、循环过滤和净化处理。循环系统由工作液箱、工作液槽、液压泵、电动机、过滤器、阀门等组成。

(1) 工作液箱即储油箱,如图 5-21 所示。工作液采用专业电加工液或工业煤油,闪点必须在 70℃ 以上。闪点的检验标准按 GB/T 261—2008 的规定。液压泵为涡流泵。管路中设有特制纸质滤芯,径向过滤。采用两个过滤器分两路同时过滤,以满足过滤要求。

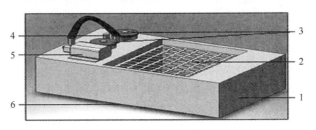

图 5-21 工作液箱

1—储油箱(工作液储存容器) 2—储油箱过滤网(油槽回流的工作液从此处进入油箱) 3—过滤器 4—注入接头(此接头通过软管与工作液油槽连接) 5—抽油泵 6—油箱泄油口(在油箱底部)

(2) 工作液槽,如图 5-22 所示。采用钢板焊接而成,安装在工作台上,正面和右侧面的门可开合,采用耐油橡胶密封。工作液槽上设有与油箱连接的进出液管。利用工作液循环过滤装置滤除工作液中的电蚀产物,并使工作液槽中的工作液不断循环而清除工件表面的加工碎屑。有时也用喷油嘴向工件表面喷射高压油液,以强化对工件表面的清洗效果。

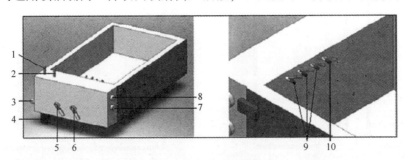

图 5-22 工作液槽

1—快速泄油手柄 2—液面调节手柄 3—油箱进油接头 4—回油口 5—快速进油阀 6—压力调节阀 7—抽油真空表 8—冲油压力表 9—冲油管、阀 10—抽油管、阀

图 5-23 所示为电火花机床工作液循环过滤系统油路图。它既能实现冲油，又能实现抽油。其工作过程是：储油箱的工作液首先经过粗过滤器 1 进行粗过滤，经单向阀 2 吸入液压泵 4；这时高压油经过不同形式的精过滤器 5 输向机床工作液槽；快速进油阀 6 为快速进油用，能以较快的速度为油槽注入工作液；待油槽注满时，可及时调节冲油选择阀 7，通过喷油管 8 给油槽喷油，其冲油压力可从冲油压力表 9 中读得；当冲油选择阀 7 打开时，油杯中的油压由压力调节阀 13 控制；当抽油选择阀 10 打开时，冲油和抽油两路都打通，这时工作液穿过抽油管 11，利用液体流动产生的负压，实现抽油的目的；压力可由压力调节阀 13 控制，抽油真空度可从抽油真空表 12 中读得。

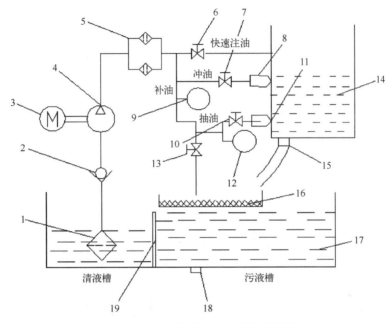

图 5-23 工作液循环过滤系统油路图

1—粗过滤器 2—单向阀 3—电动机 4—液压泵 5—精过滤器 6—快速进油阀 7—冲油选择阀
8—喷油管 9—冲油压力表 10—抽油选择阀 11—抽油管 12—抽油真空表 13—压力调节阀
14—油槽 15—回油口 16—过滤网 17—油箱 18—油箱泄油口 19—隔板

工作液循环过滤装置的过滤对象主要是金属粉屑和高温分解出来的炭黑，其过滤方式和特点，见表 5-2。工作液过滤装置常用介质（纸质、硅藻土等）过滤器，其过滤精度一般为 10 μm。使用时，应注意滤芯堵塞程度，依据实际情况及时更换。目前广泛使用纸芯过滤器，如图 5-24 所示。其优点是过滤精度较高、阻力小、更换方便、耗油量小，特别适用于大中型电火花机床，并且经反冲或清洗后仍可继续使用，现已被大量应用。

图 5-24 纸芯过滤器

表 5-2 过滤方式和特点

过滤方式	特　　点
介质过滤（木屑、黄沙、纸质、灯草芯、硅藻土、泡沫塑料等）	结构简单、造价低，但使用时间短、油耗少
离心过滤	过滤效果较好、结构复杂、清渣较困难
静电过滤	结构较复杂，一般不采用。因高压电有安全隐患，故用于小流量场合
自然沉淀过滤	适合大流量的油箱和油池

5.1.3　机床的机械装配

本节主要讲解线切割机床机械结构的装配过程。

1. 立柱的装配过程

（1）丝杠安装

首先在丝杠顶部圆环两端各安装一个轴承，将丝杠放入立柱中，再旋入铜螺母中。在丝杠上部须压上法兰，法兰与轴承之间要有一定的间隙，使得法兰与立柱联接的螺钉锁紧后，丝杠不会上下移动，但可以轻松转动。

（2）丝架安装

将下丝架用螺钉固定在立柱上，下丝架要求与上拖板平行。安装上丝架时，先将上丝架套入铜螺母中，压上压板，要求压板与立柱之间要有一定间隙，螺钉锁紧后上丝架不会在立柱上左右移动，但能轻松转动丝杠使上丝架能在立柱上顺畅地上下移动。调整锥度头上的U、V轴，使其移动到中间位置。根据锥度头上螺钉孔的位置，在上丝架与丝架头上画出螺钉孔的位置，要求丝架头上导轮孔的中心与下丝架的导轮孔中心在同一平面内。最后用钻床打出 $\varphi 7$ 的螺钉孔，锁上螺钉，调整好位置后锁紧螺钉。

（3）涨丝机构安装

调整涨丝板的位置，使涨丝板上方的导轮孔与丝架头上方的导轮孔在同一平面内，同时要求上丝架内的电极丝不能接触钣金与线架。通过涨丝板上的螺钉孔在上丝架上用划针画出联接螺钉孔的位置，拿下涨丝板，用手枪钻打 4 个 $\varphi 5.1$ 的孔，手动攻螺纹（M6）。将涨丝板用螺钉固定在联架上，检验涨丝板上导轮的垂直度。

（4）电动机与电动机座安装

将电动机、垫板和垫块用螺钉联接，然后将其安装在立柱顶端，电动机与丝杠用联轴器联接。把垫块的位置旋正，在垫块与立柱之间涂上 502 胶水，等胶水凝固后卸下垫板与垫块之间的联接螺钉，用划针画出垫块与立柱之间联接螺钉孔的位置。用锤子轻轻敲下垫块，用手枪钻打 $\varphi 6.8$ 的孔，手动攻螺纹（M8）。最后将立柱上的胶水铲干净，把垫块安装在立柱上，再将电动机与垫板安装在垫块上。

（5）限位开关安装

首先安装上限位开关，调整限位开关的位置，使其处在上限位的最大位置，按住限位开关，用划针画出螺钉孔的位置。取下限位开关，用手枪钻打 2 个 $\varphi 3.2$ 的孔，倒角，手动攻螺纹（M4）。用 2 个 M4 的螺钉固定限位开关。根据所需行程，调整下限位开关的位置，用同样的方法固定下限位开关。

2. 工作台传动机构装配

(1) 床身导轨安装

首先用油石将导轨槽推几下，用棉布擦拭干净后，把导轨放在导轨槽上，位置居中，靠紧基准，用划针画出两端螺钉孔的位置。取下导轨，用摇臂钻打 $\varphi 5.1$ 的孔，倒角，手动攻螺纹（M6）。再把导轨放在导轨槽上，靠紧基准锁紧螺钉。用 $\varphi 7$ 的钻头打出其他孔的中心，取下导轨用摇臂钻打 $\varphi 5.1$ 的孔，倒角，手动攻螺纹（M6）。根据图纸，画出紧固螺钉的位置，用摇臂钻打 $\varphi 3.2$ 的孔，倒角，手动攻螺纹（M4）。然后将导轨放在导轨槽上，锁上螺钉，螺钉略紧。装上 M4 的紧固螺钉，放入圆柱销，锁紧紧固螺钉。最后锁紧导轨上 M6 的螺钉。将下滑垫块与导轨上滑块用 M8 螺钉联接锁紧。检验导轨的平行度，安装滑块后检验是否等高。

(2) 下拖板导轨安装

下拖板导轨安装孔由加工中心加工，需手动攻螺纹。安装方法与床身导轨安装方法一样，安装完成后同样要检测导轨的平行度，安装滑块后同样要检验是否等高。

(3) 下拖板安装

首先将上下导轨调成 90°垂直（用检验导轨垂直度的方法），用划针画出下滑块上孔的位置。然后将下拖板卸下，在下滑块上打 $\varphi 6.8$ 的孔，倒角，手动攻螺纹（M8）。再装下拖板，将上下导轨调成 90°垂直，锁紧螺钉。用手枪钻打 $\varphi 6$ 的销钉孔，用锥形铰刀铰孔，插入锥销（锥销上需涂润滑油，防止生锈）。

(4) 上拖板安装

首先将上拖板调整到与下拖板平行，划针穿过上滑垫块上的螺钉孔，画出螺钉孔的位置，然后将上拖板卸下，放到摇臂钻上，从上拖板的背面打 $\varphi 6.8$ 的螺钉底孔。再按照图纸，画出 4 个锥销的位置，用摇臂钻打 4 个 $\varphi 6$ 的锥销底孔。之后把上拖板装上，上拖板与下拖板调整平行，锁紧螺钉，用手枪钻沿着上拖板的销钉孔在上滑垫块上打 4 个 $\varphi 6$ 的底孔。最后用铰刀铰孔，销孔用气枪吹干净，锥销上涂润滑油，敲入销孔内。

(5) 下拖板丝杠安装

首先将轴承盖放在轴承座上，轴承盖上的圆环放入轴承座孔内，转动轴承盖，使轴承盖上的刻度线朝上，压紧轴承盖，画出轴承座上 3 个螺钉孔的位置，取下轴承盖，在画线处打 3 个 $\varphi 4.2$ 的孔，倒角，手动攻螺纹（M5）。在配对轴承滚珠处封上白脂油，再将配对轴承压入轴承座内，注意轴承上有三角形记号，记号需对齐，压入轴承座内时记号的尖角朝内。随后把 6004 轴承压入电动机座内。将轴承座与丝杠的顶端相连，电动机座与丝杠的末端相连。在轴承座端，把垫片放在轴承外圈处，压上轴承盖，要求轴承盖锁紧后，能将轴承外圈压紧，且轴承盖与轴承座之间要有一定的间隙，间隙$\leqslant 0.1 \mathrm{mm}$。之后安装锁紧螺母（PC4），要求使用扭力扳手，扭力扳手调到 80 Nm。在与电动机座连接的那端丝杠处敲入键与大齿轮，电动机上敲入键与小齿轮。把小齿轮放入电动机座孔内，调整其与大齿轮之间的距离，使其与大齿轮完全绞合。按住电动机，用划针在电动机座上画出电动机与电动机座联接螺钉孔的位置。

取下电动机，拆下电动机座，在电动机座的画线位置打 4 个 $\varphi 4.2$ 的孔，倒角，手动攻螺纹（M5）。再将电动机座与大齿轮装回到丝杠上。先大致调整丝杠位置，要求丝杠在两下滑垫块靠山中间，且侧母线读数差$\leqslant 0.2 \mathrm{mm}$。压住轴承座与电动机座，用划针画出其与拖板联接的螺钉孔。移开丝杠，在拖板上打 8 个 $\varphi 8.5$ 的孔，倒角，手动攻螺纹（M10）。之后把丝杆安装在拖板上，锁紧螺钉，检验丝杆上母线的偏差，将上母线高的一端的底座用磨床磨去相应高度。待上母线合格后，将两侧底座的螺钉略微锁紧，检验丝杠的侧母线，根据检测出的丝杆两端的读数调整轴承座与电动机座的位置。待侧母线符合要求后，穿过轴承座与电动机座上的销钉孔，在拖板上打 4 个 $\varphi 6$ 的孔，再用 $\varphi 6$ 的锥形铰刀铰孔，用气枪吹干净后敲入锥销（销钉上涂润滑油）。

接着将拖板装在床身上，丝母座放在床身的安装位置处，转动丝杠，移动丝杠螺母，使其贴紧轴承座，通过丝杠螺母上的通孔，画出丝母座螺钉孔的位置。取下丝母座，打 2 个 $\varphi 5.1$ 的孔，倒角，手动攻螺纹（M6）。再次把丝母座放在床身安装处，转动丝杠，使丝杠螺母移动至丝杆最顶端。移动拖板至靠近立柱侧最大行程处（即导轨上滑块不能移出导轨的位置），调整丝母座位置，使其贴紧丝杆螺母，通过丝母座的通孔画出在床身的孔位，取下丝母座，在床身打 2 个 $\varphi 8.5$ 的孔，倒角，手动攻螺纹（M10）。最后把丝母座固定在床身上，锁紧螺钉，丝杠螺母与丝母座之间用螺钉锁紧。

（6）上拖板丝杆安装

上拖板丝杆的安装方法与下拖板丝杆的安装方法相同。

（7）限位开关及硬限位安装

先将拖板拆下，在床身靠近导轨的台阶中间放置一个限位开关，通过限位开关上的螺钉孔在床身上画出螺钉孔的位置，取下限位开关，在床身用手枪钻打 4 个 $\varphi 5.1$ 的孔，倒角，手动攻螺纹（M6）。再将拖板装上，调整拖板行程，使其移动至一端的极限位置，移至极限位置后，再向反方向转动丝杠两圈。此时把行程撞块安装在限位开关上方（即行程撞块要将限位开关按钮压下），用划针通过行程装块上的螺钉孔在拖板上画出螺钉孔的位置。之后把拖板移至另一端极限位置，以同样的方法在拖板上画出固定另一个行程撞块的螺钉孔位置。再次拆下拖板，在画出螺钉孔的位置打 4 个 $\varphi 5.1$ 的螺钉孔，倒角，手动攻螺纹（M6）。用 M6 的螺钉把行程撞块固定在拖板上。

注意：安装导轨的螺钉孔不能钻通，以免漏水；螺钉孔中的铁屑要先吹干净后再上螺钉；紧固导轨螺钉时按从中间往两边的顺序进行；滑块不能从导轨上取出；导轨要成对安装。

3. 运丝机构安装

（1）底座安装

首先将底框放置在床身凸台上，依次放上胶木块与丝筒底座，用 M10 的螺钉把胶木块与丝筒底座固定在底框上。之后用千分表与跨模将丝筒底座导轨靠山打直（即调整其与拖板 X 轴平行），用划针在凸台的延伸处画出底框所在位置。拆下丝筒底座与胶木块，将底框沿画线位置放好，用划针穿过螺钉孔在凸台上画出螺钉孔的位置。取下底框，在凸台打四个 $\varphi 8.5$ 的孔，倒角，手动攻螺纹（M10）。再把底框锁紧在凸台上，装上胶木块与丝筒底座，螺钉略微锁紧，用千分表与跨模再次将丝筒底座导轨靠山打直，然后锁紧丝筒底座与底框的联接螺钉。

（2）后护板及行程开关安装

将后护板沿拖板边对齐，压紧后护板的同时用划针通过后护板上的螺钉孔在拖板上画出螺钉孔位置。取下护板，在拖板打 4 个 $\varphi 5.1$ 的孔，倒角，手动攻螺纹（M6）。用螺钉把后护板锁紧在拖板上，将滑杆组件对齐后护板，以同样的方式固定在后护板上。

(3) 电动机安装

先把电动机法兰与电动机用螺钉联接，再将联轴器安装在电动机上，另一端装在丝杠上，拧紧联轴器，最后把电动机法兰固定在轴承座上。

5.2 机床的电控系统

机械结构是机床的基础，而电气系统则是灵魂，是机床实现复杂加工的必备条件，两者相辅相成，两者良好的协调配合是实现机床稳定快速加工的基础。可以说近年来电加工机床的发展，主要是电气系统的发展，尤其是控制器和脉冲电源的发展。

5.2.1 线切割机床的电控系统

线切割机床的电控系统是由脉冲电源系统、控制及供电系统、伺服反馈系统、运动控制系统4部分组成。其工作原理、功能及包含的元器件等，见表5-3。

表5-3 线切割机床电控系统组成

电控系统组成	工作原理	功能	元器件	作 用
脉冲电源系统	由供电系统经整流滤波后形成不同的加工电压，由脉冲发生系统对能量进行截断打包，送入功放系统后进入加工区进行放电	输出放电加工能量，能量以脉冲的形式输出到加工区。常见的脉冲形式有矩形波、阶梯脉冲波、分组脉冲等	变压器	提供隔离的供电电压
			三相桥堆	将三相电压整流成脉动的直流电压
			电解电容	将脉动的直流电压稳定，并储存能量供放电区
			CPLD芯片	产生加工脉冲
			VMOS管	将能量进行截断成合适的能量包
控制及供电系统	由变压器系统将电网电压进行隔离并形成不同的供电电源，由功能单元生成不同的直流电压供给系统。继电器控制单元主要负责各功能部件的控制	控制系统负责电气设备的控制。供电系统负责控制系统回路及主放电回路的供电	辅助变压器	380V供电产生不同的交流电压供给各板卡
			板卡线性整流单元	主要由7085/7812组成，构成各直流电源
			变频器	控制绕丝筒的运行
			继电器	切换绕丝筒速度
			接触器	切换加工电压
伺服反馈系统	由前级降压系统将采样电压降为合适的值并滤除高频信号，经过光耦隔离后送入V/F变换系统，产生的脉冲送入计算机的中断口	采样加工区的放电信号，并将其转化为脉冲信号送入数控系统对进给量进行控制	电阻	降压控制
			电容	滤波，积分器作用
			二极管	单相导通
			光耦	信号隔离
			运放	正反馈产生震荡电压
运动控制系统	由运动控制软件负责图形的绘制，并对绘制的图形进行补偿，对补偿后的图形生成加工轨迹，送入运动控制器进行运动控制	生成运动轨迹并对轨迹进行控制，实时控制切割的状态	工业控制计算机	人机交互
			运动控制板卡	输入输出控制，反馈信号接入，软件信号输出
			运动控制软件	根据客户需求产生运动控制要求
			VMOS管	产生驱动电流，驱动电动机

1. 线切割机床脉冲电源的基本组成

线切割机床脉冲电源是由脉冲发生器、推动级、功放级及直流电源 4 部分组成，如图 5-25 所示。

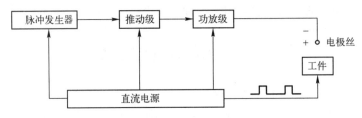

图 5-25　线切割机床脉冲电源的组成

（1）脉冲发生器

脉冲发生器是脉冲电源的脉冲源，脉冲宽度、脉冲间隔和脉冲频率均由脉冲发生器确定和调节。脉冲发生器有多种，因生产厂家而异，即使同一个厂家，其产品也会不尽相同，主要有以下 4 种。

1）晶体管多谐振荡式脉冲发生器，电路图如图 5-26 所示。此种脉冲发生器是由晶体管 VT_1 和 VT_2、二极管 VD_6、电阻 $R_2 \sim R_6$、电位器 RP_1 以及电容 C_2 和 C_3 等组成的典型多谐振荡器。VD_6 起隔离作用，使电容 C_3 充电时通过 R_5 而不通过 R_6，这样有助于 VT_2 截止得更好，可改善脉冲波形的后沿。调节 C_2 和 C_3 的电容值，即可改变多谐振荡器 A 点所输出脉冲的脉冲宽度和间隔。

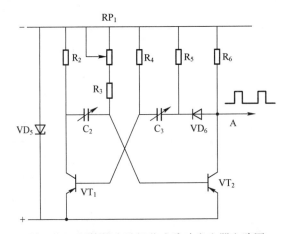

图 5-26　晶体管多谐振荡式脉冲发生器电路图

2）单结晶体管脉冲发生器，电路图如图 5-27 所示。此种脉冲发生器是由单结晶体管 VT_3、电容器 C_3、电阻 $R_1 \sim R_3$ 等组成的锯齿波发生器。当工作时在电阻 R_2 的上端 A 点产生频率可调的尖脉冲，经耦合电容 C_4 去触发由 VT_1 和 VT_2 等组成的射极耦合单稳态触发器，它对锯齿波尖脉冲进行整形放大，从 B 点输出矩形波脉冲。调节 R_8、C_5 可以改变脉冲宽度，调节 R_1、C_3 可以改变脉冲重复频率。这种电路简单可靠，负载能力强。

3）555 集成芯片脉冲发生器，电路图如图 5-28 所示。此种脉冲发生器是由 555 集成芯片等组成的多谐振荡器，当引脚 4 悬空时，由引脚 3 输出脉冲。调节电容 C 可以调节脉冲宽度，调节电位器 RP_1 可以调节脉冲间隔。VD_1 和 VD_2 减小了调节脉冲宽度和脉冲间隔时的互相影响，最窄脉冲宽度可调到 2 μs 左右，输出脉冲周期 $T = 0.693RC$，有利于改善表面粗糙度。当引脚 4 接地时，引脚 3 停止输出脉冲。

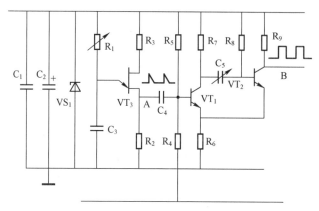

图 5-27 单结晶体管脉冲发生器电路图

4) 用单片机作脉冲发生器。用单片机作脉冲发生器时，可以将脉冲宽度和脉冲间隔都分成 0～F 共 16 档，若每档脉冲宽度为 3 μs，则脉冲宽度和脉冲间隔均可以在 3～48 μs 之间调节搭配。调节时，通过按键来完成，比较方便灵活。

（2）推动级

推动级用以对脉冲发生器发出的脉冲信号进行放大，增大输出脉冲的功率，否则无法推动功放级正常工作。推动级可以由晶体管组成，也可以采用集成电路，因采用的功放管不同，其推动级也不同。

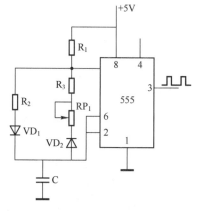

图 5-28 555 集成芯片脉冲发生器电路图

（3）功放级

功放级是将推动级所提供的脉冲信号进行放大，为工件和电极丝之间进行切割时的火花放电提供所需要的脉冲电压和电流，使其获得足够的放电能量，以便顺利稳定地进行切割加工。

2. 线切割加工对脉冲电源的要求

线切割加工属于中、精加工，往往采用某一规准将工件一次加工成形，因此对加工精度、表面粗糙度和切割速度等工艺指标有较高要求。为了满足电火花线切割加工条件和工艺指标的需要，对线切割脉冲电源提出如下要求。

（1）脉冲峰值电流要适当并便于调整

在实际加工中，由于加工精度和电极丝运转张力的要求，电极丝的直径不宜太粗，一般电极丝直径在 0.08 mm～0.25 mm 之间。受电极丝直径的限制，它所允许的放电峰值电流也就不能太大。与此相反，由于工件具有一定的厚度，欲维持稳定加工，放电峰值电流又不能太小，否则无法加工。因此，线切割加工的放电峰值电流只能在一定范围内变化。

（2）脉冲宽度要能调窄

在电火花线切割加工中，欲获得较高的加工精度和较好的表面粗糙度，应使每次脉冲放电在工件上产生的放电凹坑要适当，这就要控制单个脉冲能量。当根据加工条件选定脉冲峰值电流后，可尽量减小脉冲宽度。脉冲宽度越窄，即放电时间越短，放电所产生的热量就越来不及传导扩散，而被局限在工件和电极丝间很小的范围内。一方面热传导损耗小、能量利用率提高了，更重要的是在工件上形成的放电凹坑不但小，而且也不存在烧伤现象。同时放电凹坑分散重叠较好，表面光滑平整，从而可以得到较高的加工精度和较好的表面粗糙度。

然而，线切割脉冲电源的单个脉冲能量又不能太小，否则将会使切割速度大大下降，或者加工根本无法进行，所以脉冲能量就需要控制在一定范围内。在实际加工中，脉冲宽度约在 $1\sim64\,\mu s$ 之间。

(3) 脉冲重复频率要能调高

脉冲宽度窄，放电能量小，虽然有利于提高加工精度和改善表面粗糙度，但是会使切割速度大大降低，为了兼顾其他工艺指标，应尽量提高脉冲频率，即缩短脉冲间隔，增大单位时间内的放电次数。这样既能获得较好的表面粗糙度，又能得到较高的切割速度。脉冲间隔太小，会使消电离过程不充分，造成电弧放电，并引起加工表面烧伤。因此，脉冲间隔只能在维持火花放电稳定的前提下，尽量减小。一般情况下，线切割加工的脉冲重复频率约在 $5\sim500\,kHz$ 范围内。

(4) 有利于减少电极丝损耗

在高速走丝方式的线切割加工中，电极丝往复使用，它的损耗会直接影响加工精度，损耗较大时还会增大断丝的概率。因此，线切割脉冲电源应具有减少电极丝损耗的性能，以便保证一定的加工精度和维持长时间的稳定加工。

电极丝损耗小的脉冲电源，切割 $10000\,mm^2$ 面积时，电极丝损耗应小于 $0.001\,mm$，这种损耗对加工精度的影响很小。因此，对于高速走丝线切割加工，电极丝损耗应越小越好。

(5) 要输出单向脉冲

根据极性效应原理，不能采用交变脉冲来进行电火花加工，否则无极性效应，生产率低且电极丝损耗大，所以脉冲电源必须输出单向直流脉冲，对可能出现的负脉冲（反向脉冲）也要加以限制去除。

(6) 脉冲波形的前沿和后沿以陡些为好

如果脉冲前沿不陡，则汽化爆炸力不强，金属蚀除量少，且击穿点不统一，单个脉冲放电能量有差别，使加工表面粗糙度不均匀，前后沿不陡，还限制了脉冲频率的提高。

为了使脉冲前后沿陡直、脉冲电源的功率输出级要采用大功率高频管，并在电路中采取措施使之加速导通或截止。但也必须指出的是，前后沿太陡会加快电极丝损耗。

(7) 脉冲参数应在较宽的范围内可调

精加工时要求脉冲宽度窄、单个脉冲能量小，而粗、中加工时，则要求脉冲宽度大、峰值电压高、单个脉冲能量和电流幅值大，在切割硬质合金和厚工件时还要求脉冲间隔大些。因此为了有一定的适应性，脉冲参数应在比较大的范围内可以方便调节。一般情况下，脉冲宽度在 $0.5\sim70\,\mu s$ 之间；脉冲间隔在 $5\sim50\,\mu s$ 之间；开路电压在 $60\sim100\,V$ 之间；短路峰值在 $10\sim25\,A$ 之间。

除上述要求以外，脉冲电源还应稳定可靠，易于生产和便于维修。

5.2.2 电火花机床的电控系统

电火花机床的电控系统同样是由脉冲电源系统、控制及供电系统、伺服反馈系统、运动控制系统4部分组成。其工作原理、功能及元器件等，见表5-4。

表5-4 电火花机床电控系统组成及功能表

电控系统组成	工作原理	功 能	元 器 件	作 用
脉冲电源系统	由供电系统经整流滤波后形成不同的加工电压，由脉冲发生系统对能量进行截断打包，送入功放系统后进入加工区进行放电	输出放电加工能量，能量以脉冲的形式输出到工区。常见的脉冲形式有矩形波、阶梯脉冲波、分组脉冲等	变压器	提供隔离的供电电压
			三相桥堆	将三相电压整流成脉动的直流电压
			电解电容	将脉动的直流电压稳定，并储存能量供放电区
			555芯片	产生加工脉冲
			VMOS管	将能量进行截断成合适的能量包
控制及供电系统	由变压器系统将电网电压进行隔离并形成不同的供电电源，由功能单元生成不同的直流电压供给系统。继电器控制单元主要负责各功能部件的控制	控制系统负责电气设备的控制。供电系统负责控制系统回路及主放电回路的供电	辅助变压器	380 V供电产生不同的交流电压供给各板卡
			板卡线性整流单元	主要由7085/7812组成，构成各直流电源
			继电器	切换控制模式
			接触器	切换加工电压，切换水泵控制
伺服反馈系统	由前级降压系统将采样电压降为合适的值并滤除高频信号，经过光耦隔离后送入PWM变换系统	采样加工区的放电信号，并将其转化为脉冲信号送入数控系统对进给量进行控制	电阻	降压控制
			电容	滤波，积分器作用
			二极管	单相导通
			光耦	信号隔离
			运算放大器	正反馈产生震荡电压
控制系统	根据给定的信号和反馈信号差值决定电动机的运动状态，主要是对误差的信号进行PID控制后送入PWM发生器去驱动电动机	生成运动轨迹并对轨迹进行控制，实时控制加工状态	工业控制计算机	人机交互
			运动控制板卡	输入输出控制，反馈信号接入，软件信号输出
			运动控制软件	根据客户需求产生运动控制要求
			VMOS管	产生驱动电流，驱动电动机

脉冲电源就是能够把直流或工频正弦交流电流转变成具有一定频率的脉冲电流，提供电火花加工所需要的放电能量的设备装置。脉冲电源是参照"脉跳"这个名词命名的。人体的脉跳是有规律停歇进行的，电火花加工是机床输出类似脉跳规律的电压进行循环的微观过程。脉冲电源对电火花加工的生产效率、表面质量、加工过程的稳定性，及工具电极的损耗等工艺指标有直接的影响，应予以足够的重视。

1. 电火花机床脉冲电源的分类

电火花加工脉冲电源种类很多，关于脉冲电源的分类，目前尚无统一标准。按其作用、原理、所用主要元件、脉冲波形、功能等可分为多种类型，见表5-5。

表 5-5　电火花加工脉冲电源类型

分类标准	具体类型
主回路中主要元件种类	驰张式、电子管式、闸流管式、脉冲发电机式、晶体管式、晶闸管式、大功率集成器件
输出脉冲波形	矩形波、梳状波分组脉冲、三角波形、阶梯波、正弦波、高低压复合脉冲
间隙状态对脉冲参数的影响	非独立式、独立式
工作回路数目	单回路、多回路
功能	等电压、等电流脉宽脉冲电源，新型脉冲电源

(1) 驰张式脉冲电源

驰张式脉冲电源是电火花加工中应用最早、结构最简单的脉冲电源之一。其工作原理是利用电容器充电储存电能，然后瞬间放出，形成火花放电。它由充电回路和放电回路组成。它的优点是：结构简单，使用和维修方便，成本低；在小功率时，可以获得很窄的脉宽，可用于光整加工和精微加工。缺点是：电源功率不大，电容器充电时间较长，导致脉冲间歇时间长，在粗加工中生产效率偏低；点规准受放电间隙情况的影响很大，工艺参数不稳定；电容放电速度极快，无法获得宽脉冲，电极损耗较大。这种电源的应用在逐渐减少，目前多用于电火花磨削、小孔加工，以及型孔的中、精规准加工。常用的有 RC、RLC、RLCL、RCR、Tr-RC 等线路。

(2) 电子管和闸流管式脉冲电源

它是根据末级功率及开关作用的电子元件而命名，该类电源是以电子管和闸流管作开关元件，把直流电源逆变为一系列高压脉冲，以脉冲变压器耦合输出放电间隙。这种电源的电参数与加工间隙情况无关，属于"独立"式脉冲电源。电子管和闸流管式脉冲电源由于受到末级功率管以及脉冲变压器的限制，脉冲宽度比较窄，脉冲电流也不大，且损耗很大，因此目前此类脉冲电源已很少使用了。

(3) 晶体管和晶闸管式脉冲电源

这两种脉冲电源是目前使用最为广泛的脉冲电源，它们都能输出各种不同脉宽、峰值电流、脉间的脉冲波，能较好地满足各种工艺条件，尤其适用于型腔电火花加工。

晶体管式脉冲电源的原理是利用大功率晶体管作为开关元件而获得单向脉冲，其输出功率不如晶闸管式脉冲电源大，但它的脉冲频率高、脉冲参数容易调节、脉冲波形较好、易于实现多回路加工和自适应控制等，所以在 100 A 以下的中、小型脉冲电源中应用相当广泛。由于单个晶体管的功率较小，故多采用多管分组并联输出的办法提高电源的输出功率。

晶闸管式脉冲电源是利用晶闸管作为开关元件而获得单向脉冲。由于晶闸管的功率较大，脉冲电源所采用的功率管数目可大大减少，因此非常适合作为大功率粗加工的脉冲电源。晶闸管的控制特性和闸流管相似，晶闸管一经触发导通，不会自行截止，需外加关断电路，故只能在频率较低的一定范围内进行调整。晶闸管式脉冲电源的工具电极损耗比较小，适用于型腔模具的加工。

两种电源加工特性对比，见表 5-6。

表 5-6 晶体管和晶闸管的加工特性对比

加工特性			晶体管电源	晶闸管电源
粗加工		稳定性	较好	好
		生产率	一般	高
		损耗	低	低
中加工		功率大小	较小	较大
		自动化程度	很容易做到	不容易做到
		损耗	较好	好
精加工		生产率	较低	较高
		损耗	较大	比晶体管小
		表面粗糙度 $Ra_{min}/\mu m$	0.4~0.8	0.4~0.8
		电极材料	纯铜最适合	石墨最适合

(4) 新型脉冲电源

随着电火花加工技术的发展，为了进一步提高有效脉冲利用率，达到高效、低损耗的加工效果，在晶闸管及晶体管式脉冲电源的基础上，又派生出新型脉冲电源和线路，如高低压复合脉冲电源、多回路脉冲电源，以及多功能电源、镜面加工电源等。近年来，模糊控制（FUZZY）、人工神经网络模糊控制（NF）等智能控制脉冲电源在数控电火花机床上得到了极速发展，新型脉冲电源层出不穷。

目前的电火花机床采用的大都是计算机数字化控制的脉冲电源，档次越高的机床，脉冲电源的性能越优越。把不同材料，粗、中、精加工的电加工参数、规准做成曲线表格，作为原始数据写入"只读存储器（EPROM）"集成芯片内，作为脉冲电源的一个重要组成部分。操作时只要输入加工形状、电极与工件材质、加工位置、表面粗糙度值、电极缩放量、摇动方式、锥度值等数据，就可自动推算并配置出最佳加工条件。加工过程中自动监测、判定电火花加工间隙的状态，在保持稳定电弧的范围内自动选择使加工效率达到最高的加工条件，实现稳定的加工过程。要实现脉冲电源的自适应控制，首先是极间放电状态的识别与检测；其次是建立电火花加工过程的预报模型，找出被控量与控制信号之间的关系，即建立评价函数；然后根据系统的评价函数设计出控制环节。数控电火花机床的计算机数字化控制的脉冲电源使加工参数的配置更容易，对操作人员的技术水平的要求更低。

新型脉冲电源中的超精加工电源用于电火花精密、微细加工中。这类电源具有极小的单个脉冲能量（纳秒级脉冲宽度），在电路中通过其他措施解决了加工速度慢、电极损耗大与低脉宽的工艺矛盾。智能型自适应电源采用计算机数字化控制技术，自选加工规准，自适应调节加工中的相关脉冲参数，从而达到高生产率的最佳稳定放电状态。另外，新型的脉冲电源还有节能型脉冲电源、等能量脉冲电源、各种专用辅助电源等。

脉冲电源在提升加工速度、降低电极损耗、确保加工精度及提高表面质量等方面起到了极其重要的作用。各种新型的脉冲电源对高速、高品质的加工做出了较大的贡献。随着研究和开发工作的深入，脉冲电源的性能也将随之取得更大的进步。

5.3 机床的精度检测

机床精度是直接影响加工工件精度的决定因素,因而在机床制造和维修时都要对机床的精度进行检验。线切割机床的精度检验可分为机床几何精度检验、机床数控精度检验和工作精度检验3项。本节以线切割机床为例讲解机床的精度检测。

5.3.1 机床几何精度检测

机床在机械结构装配过程中,装配精度的检测也要同时进行,机床在出厂装配时、用户验收时、维修后和使用中疑似有问题时,都应进行几何精度的检测。其检测内容及检测方法,见表5-7。

表5-7 线切割机床几何精度检测

检测内容1	立柱与拖板之间的垂直度(a:X轴方向;b:Y轴方向)
简图	a b
允许误差	任意300mm的测量长度误差为0.03mm
检测仪器	千分表、磁性表座、方尺
检测方法	方尺竖直放置在上拖板上,千分表通过磁性表座吸附在上线架上,千分表与方尺接触。 a. 方尺底边与拖板X轴方向平行,千分表与方尺竖直面接触,线架上下移动,观察并记录千分表读数变化。 b. 方尺底边与拖板Y轴方向平行,千分表与方尺竖直面接触,线架上下移动,观察并记录千分表读数变化
检测内容2	导轨基面直线度
简图	
允许误差	测量导轨全长,观察红丹分布是否均匀
检测仪器	跨模、红丹粉

(续)

检测内容2	导轨基面直线度
检测方法	跨模平面均匀涂抹红丹，在跨模上施加压力，使跨模平面在导轨基面来回移动，观察导轨基面的红丹是否均匀
检测内容3	两导轨基面的平行度（a：水平面；b：垂直面）
简图	(a) 等高块放置于导轨一侧；(b) 等高块放置于导轨另一侧
允许误差	任意 300 mm 的测量长度误差为 0.015 mm
检测仪器	等高块、平尺、千分表、磁性表座
检测方法	等高块放在导轨基面上，千分表通过磁性表座吸附在等高块上。 a. 千分表与导轨水平基面接触，等高块沿导轨移动，观察并记录千分表读数变化。 b. 千分表与导轨垂直基面接触，等高块贴紧另一侧垂直基面，沿导轨移动，观察并记录千分表读数
检测内容4	导轨在全行程内的直线度（a：水平面；b：垂直面）
简图	(a) 平尺、滑块、导轨水平放置；(b) 平尺、滑块、导轨垂直放置
允许误差	任意 300 mm 的测量长度误差为 0.015 mm
检测仪器	千分表、磁性表座、平尺、量块
检测方法	平尺放置在床身上，千分表通过磁性表座吸附在另一块滑块上。 a. 平尺竖放，千分表触及平尺上表面，将平尺两端用量块垫平，移动滑块，观察并记录千分表读数变化。 b. 平尺平放，千分表触及平尺侧表面，将平尺两端调平，移动滑块，观察并记录千分表读数变化
检测内容5	两导轨的平行度（a：水平面；b：垂直面）
简图	(a) 平尺、滑块、导轨；(b) 平尺、滑块、导轨
允许误差	任意 300 mm 的测量长度误差为 0.015 mm
检测仪器	千分表、磁性表座、平尺、量块

(续)

检测内容 5	两导轨的平行度（a：水平面；b：垂直面）
检测方法	平尺放置在滑块上，千分表通过磁性表座吸附在另一块滑块上。 a. 平尺竖放，千分表与平尺上表面接触，移动千分表下的滑块，根据千分表读数变化用量块将平尺垫平，再移动吸有千分表的滑块，观察并记录读数。 b. 平尺平放，千分表与平尺侧表面接触，移动千分表下的滑块，根据千分表读数变化调整平尺与运动导轨平行，再移动吸有千分表的滑块，观察并记录读数
检测内容 6	安装滑块后检测两导轨是否等高
简图	（图：水平仪、跨模、基准水平仪、滑块、导轨）
允许误差	全行程测量长度误差为 0.015mm
检测仪器	水平仪、等高块、跨模
检测方法	用基准水平仪先将床身调成水平，再把跨模放置在两滑块上，水平仪放在跨模中间位置，观察并记录水平仪读数
检测内容 7	上下导轨的垂直度
简图	（图：方尺）
允许误差	任意 300mm 的测量长度误差为 0.02mm
检测仪器	千分表、磁性表座、方尺
检测方法	调整方尺一边与拖板 Y 轴运动方向平行，再用千分表触及方尺与 X 轴平行的面，移动拖板沿 X 轴方向运动，观察并记录千分表读数
检测内容 8	丝筒导轨与 X 轴的平行度
简图	（图：跨模）
允许误差	全行程测量长度误差为 0.01mm
检测仪器	千分表、磁性表座、跨模

(续)

检测内容 8	丝筒导轨与 X 轴的平行度
检测方法	跨模固定在拖板上,千分表通过磁性表座吸附在跨模上,千分表与丝筒导轨滑动面接触,移动拖板,观察并记录千分表读数的变化
检测内容 9	丝筒丝杠与导轨之间的平行度
简图	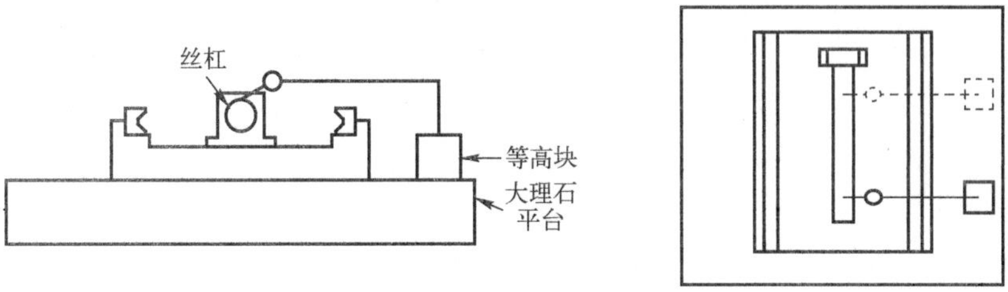
允许误差	全行程测量长度误差为 0.05 mm
检测仪器	大理石平台、千分表、磁性表座、等高块
检测方法	千分表通过磁性表座吸附在等高块上,等高块在大理石平台上移动,观察并记录千分表在丝杠两端最高点时的读数变化
检测内容 10	储丝筒的圆跳动
简图	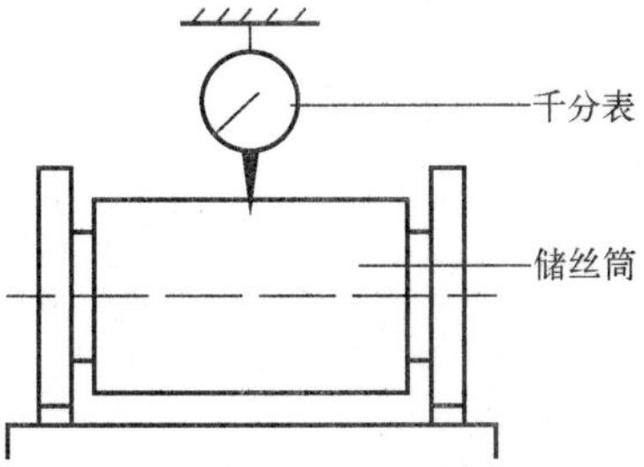
允许误差	储丝筒直径≤120 mm 时,公差值为 0.012 mm,储丝筒直径>120 mm 时,公差值为 0.02 mm
检测仪器	千分表、磁性表座
检测方法	将千分表侧头顶在储丝筒表面上,转动储丝筒,分别在中间和离两端 10 mm 左右处查验,千分表读数的最大差值为误差值

5.3.2 机床数控精度检测

机床数控精度检测的内容及检测方法,见表 5-8。

表 5-8 机床数控精度检测

检测内容 1	工作台运动的矢量
简图	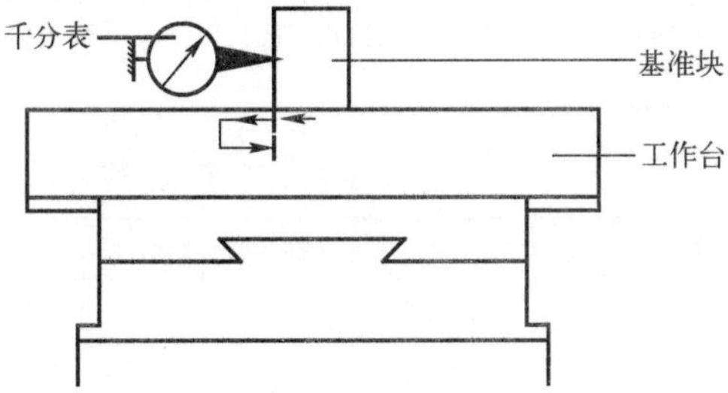

（续）

检测内容1	工作台运动的矢量
允许误差	公差值为 0.005mm
检测仪器	千分表、磁性表座、基准块
检测方法	在工作台上放一基准块，千分表通过磁性表座固定在丝架上，将测头顶在基准块测量面上，先向正（或负）方向移动，以停止位置作为基准位置，然后编制一段不小于 0.1mm 的程序指令，继续向同一方向移动，从这个位置开始，再给予相同的程序向负（或正）的方向移动，测量此时的停止位置和基准位置之差。在行程的中间和靠近两端的 3 个位置，分别进行 7 次本项测量，求各位置的平均值，以所得各平均值中的最大值为误差值。它主要反映了正反向时传动丝杠与螺母之间的间隙带来的误差，纵、横坐标分别检测
检测内容2	工作台运动的重复定位精度
简图	（千分表、基准块、工作台示意图）
允许误差	公差值为 0.002mm
检测仪器	千分表、磁性表座、基准块
检测方法	在工作台上任选一点，向同一方向移动不小于 0.1mm 的距离进行 7 次重复定位，测量停止位置，记录差值的最大值。在工作台行程的中间和靠近两端的 3 个位置进行检测，以所得的 3 个差值中的最大值为误差值。它主要反映工作台运动时，动、静摩擦力和阻力大小是否一致，装配预紧力是否合适，而与丝杠间隙和螺距误差等关系不大，纵、横坐标分别检测
检测内容3	工作台运动的定位精度
简图	（平尺、读数显微镜、等高块、工作台示意图）
允许误差	在 100mm 测量长度上公差为 0.01mm，每增加 200mm，公差值增加 0.005mm，最大公差值为 0.03mm
检测仪器	平尺、等高块、读数显微镜
检测方法	工作台向正（或负）方向移动，以停止位置作为基准。然后按表 5-9 所列的测量间隔编制加工程序使其向同一方向移动，顺序进行定位。根据基准位置测定实际移动距离和规定移动距离的偏差。测量值中的最大偏差与最小偏差之差为误差值。它主要反映了螺距误差，也与重复定位精度有一定关系，纵、横坐标分别检测

表 5-9 测 量 间 隔

工作台行程/mm	测量间隔/mm	测量长度
≤320	25	全行程
>320	50	全行程

5.3.3 机床工作精度检测

1. 纵剖面上的尺寸差

切割出图5-29所示的正八棱柱体试件,测量两个平行加工表面的尺寸,在中间和两端5 mm的3处位置进行测量,得出最大尺寸与最小尺寸的差值。依次对各平行加工表面进行上述检测,其最大差值为误差值,公差值为0.012 mm。

2. 横剖面上的尺寸差

取图5-29所示试件,在同一横剖面上依次测量加工表面的对边尺寸,取最大差值。在试件的中间及两端5 mm的3处位置分别进行上述检测,其最大差值为误差值,公差值为0.015 mm。

3. 表面粗糙度

取图5-29所示试件,在加工表面的中间及接近两端5 mm的3处位置测量,取Ra的平均值。取试件的各个加工面分别测量,误差为Ra最大平均值。

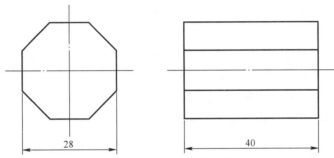

图5-29 正八棱柱体试件

4. 加工孔的坐标精度

如图5-30所示,试件安装在工作台上,并使其基准面与工作台运动方向平行,然后分别以A、B、C、D为中心,切割4个方形孔。要求:试切件厚度需大于或等于5 mm;最小正方形孔边长需大于或等于10 mm;每次方孔的扩大余量需大于或等于1 mm(允许有$R=3$ mm左右的圆角);正方形孔也可以用相应的圆形孔代替。

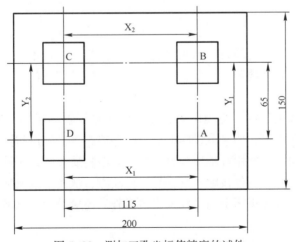

图5-30 测加工孔坐标值精度的试件

测量各孔沿坐标轴方向的中心距 X_1、X_2、Y_1 和 Y_2，并分别与设定值相比，以差值中的最大值为误差值，公差值为 0.015 mm。

5. 加工孔的一致性

如图 5-30 所示，测量 4 个孔在 X、Y 方向上的尺寸，其最大尺寸差为误差值（X 与 X 相减，Y 与 Y 相减，即 X_1-X_2 和 Y_1-Y_2），公差值为 0.03 mm。

5.4 机床的安装与调试

5.4.1 机床的装箱、运输、拆箱

1. 装箱

搬运及长途运输前，要进行机床装箱。装箱前，需将 X、Y 轴及储丝筒的丝杠螺母与螺母座脱开，并用固定板将 X、Y 轴工作台及储丝筒与床身固定，对于锥度线架部分应用木头在头部支撑好。并将随机备品备件与技术资料进行装箱。

2. 运输

机床主机及随机附件全部装入一个包装箱内，包装好的机床可用吊车、铲车或滚杆搬运，并按包装箱上的标记吊运。搬运开箱后的机床，可按吊运位置进行吊运，吊索不可碰撞工作液箱及其他手柄，与机床接触位置必需垫橡胶皮或其他软垫，以防止油漆损坏，如不用吊运也可用铲车或滚杆搬运。设备按合同规定进行包装（如木包或简包），适合陆地运输。

3. 拆箱

机床在开箱搬运时，要用足够吨位的铲车来卸载机床底部，也可以用钢丝绳兜住箱底板吊运，应轻搬轻放注意重心，箱体不得倾斜，机床最好在安装位置开箱。开箱时，应注意不得有剧烈的撞击与振动，以免损伤机床导轨和丝杆，进而影响机床精度。

拆箱顺序：检查包装有无损伤，没有问题再拆箱；取上盖，去掉四壁箱板，搬出附件箱，取出地脚螺钉、技术文件；依照附件清单核对实物，检查机床情况是否良好；机床定位后拆紧固螺钉；去油封。

5.4.2 机床的安装

电加工机床属于精密加工设备，如果安装和使用环境不好，不仅不能发挥预定的功能和性能，而且也容易引发各种故障。因此，配套合适的安装环境及使用条件是非常有必要的。

1. 安装环境要求

机床的位置应远离振动源、避免阳光直接照射和热辐射的影响、避免潮湿和气流的影响。如果机床附近有振动源，要采取设隔振槽、防振垫铁等措施进行隔断振源。一般情况下可直接安装在水泥地面上。使用环境应没有粉尘、导电物质飞扬，否则将直接影响机床的加工精度及稳定性，导致电子元件接触不良，易发生故障，从而影响机床的可靠性。工作场所应充分通风换气，除电火花机床上的自动灭火装置外，还应设置灭火器。

2. 电源要求

机床安装的外接电源电压、频率、相位要求为 380 V、50 Hz/60 Hz、三相。电压波动应

当小于 10%，功率应大于 3 kW，保险丝为 15A-T。此外设备还应当有可靠的接地，其接地电阻小于 1 Ω。

设备安装前应测量检查电源电压，根据测量的数据，将电源连接到适当的端子上。如测得的外接电源电压为 400 V，则应将电源连接到 410 V 的端子上。如果外接电源电压波动较大，应该加装稳压器。

3. 温度条件

电加工机床安装在专门的电加工车间，要求环境温度变化小，推荐使用空调。电加工机床可使用的温度范围是 5~35℃，相对湿度小于 80%。高精度加工时，应安装在恒温车间内使用，恒温车间的推荐温度为 20±1℃。一般来说控制箱内部设有排风扇或冷风机，以保证电子元件，特别是中央处理器工作温度恒定或温度差变化很小。过高的温度和湿度容易导致控制系统元件寿命降低，并导致故障增多。温度、湿度的增高，以及粉尘的增多，会在集成电路板上产生黏结，并导致短路。

4. 工作空间要求

按平面布局图提供安装场地，如图 5-31 所示。注意主机、水箱（油箱）及控制柜的位置，注意机床运行部件的最大位移量；注意箱门开关方便，工作回转余地；注意操作维修方便与安全。

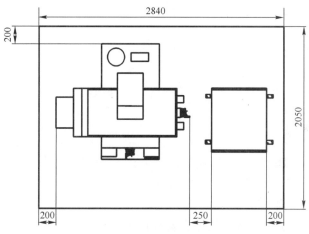

图 5-31 安装场地平面布局图

5. 安装过程

1）包装好的机床起吊时，吊索一定要按箱面标记位置缓缓起吊和放下，注意保持机器平衡并尽量降低重心，不得有冲击和振动。开箱后，搬运机床时应按图 5-32 所示用铲车搬运的方法，并按装箱单逐一检查核对附件是否完整，注意搬运前确认搬运路线上无障碍物存在。

2）机器放下定位前先将垫铁放妥，并注意垫铁需均匀支撑机器；拆包与清点附件，检查机床与电柜是否有损坏。

3）安装好因打包运输而拆下的机械与电气部件；用干净的棉布清除出机防部位的防锈油后，再涂抹一层润滑油；按出厂说明书中的电源要求接好电源线（一般为三相 380 V），并将电柜与机床良好接地。

4）调整机床水平，将水平仪放置于工作台中央；调整 4 个角的调整螺栓，先移动 X 轴方向再移动 Y 轴方向，反复来回调整直至机械水平；在调整其他调整螺栓时，注意须在不影

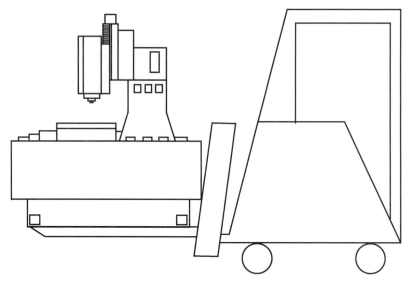

图 5-32　铲车搬运机床示意图

响机器水平情形下，使机器重量均匀分布于各螺栓；机床水平标准范围为 0.02 mm/500 mm；每半年须检查调整一次机器水平，以维持机器的精度。

6. 安全检查

1）机床各运动部件应灵活可靠。X、Y 拖板做纵、横向移动；拨动储丝筒、导轮均应运动自如，轻便灵活。

2）电气安全检查。机床接地端子与机床各金属裸露部位间的电阻小于等于 $0.1\ \Omega$。

5.4.3　机床的调试

联机调试前，应仔细阅读《机床使用说明书》，了解本体结构、性能、安全操作及维护保养等方面的知识。同样仔细阅读《机床电气说明书》及《软件使用说明书》。

1. 线切割机床联机调试

(1) 开机前的准备工作（检查机床设备是否正常）

① 检查机床各部位的润滑状况，进行一次全面润滑。

② 按《机床电气使用说明书》检查主机及数控柜之间的连接线是否正确。

③ 按比例配制工作液或乳化液，并注满工作液，检查各接头是否牢固与畅通，检查水泵是否正常。

④ 检查 X、Y、Z、U 轴全行程内是否灵活。

⑤ 摇动储丝筒，检查拖板往复运动是否灵活。

⑥ 检查上、下导轮旋转是否灵活。导电块、挡丝棒、喷水嘴是否正常。

⑦ 开启总电源。启动运丝电动机，检查储丝筒运转是否正常，检查拖板换向时，"高频电源"是否自动切断，并检查限位开关是否正常。

⑧ 检查断丝保护是否正常。

(2) 开机前检查

为确保人员及机器的安全，在开机前做好下列各项检查工作。

① 检查线路、管路与各接头是否有损坏。检查电路板、电气部件是否因运输而松动，各插头是否拧紧，机床内接线、电柜内接线是否有松动、脱落。

② 检查输入电源电压、频率及相位是否正确。

③ 确定机器及控制系统周围无影响机器正常运作的妨碍物。

④ 确定控制系统的所有门均已关闭。

⑤ 确定所有控制开关均能被良好正确地操作，无障碍物干扰或阻碍。

⑥ 注意有无人员停留在危险区域内。

⑦ 准备好工作液。

(3) 功能检查

① 按下急停按钮（线切割除外）后再接通总电源，工控机正常启动后，再松开急停按钮。

② 对于线切割机床，应检查运丝机构运转是否正常，能否正常换向。在没有电极丝的情况下，按一下断丝按钮，使断丝灯亮，应能启停运丝电动机，灯灭则不能启动。穿上电极丝，调整好换向及限位开关，使其能够正常运行与换向及限位保护，并在断丝灯灭的情况下，应能启动运丝电动机，当电极丝断开或脱离断丝保护导电块时，电动机应停止运转。

③ 水泵功能检查。应能正常启停水泵电动机，检查运转电动机的运转方向应正确，当压下运丝冲程限位开关时，运丝电动机与水泵电动机应停止。上下水嘴出水正常。

④ 伺服检查：打开计算机，进入 HF 控制软件，打开步进电动机，单步点动 X、Y、U、V 轴，至少点动 10 步，步进电动机每步都应走步，不应丢步；再正反方向走步 X、Y、U、V 轴，检查电极丝相对移位方向与走步方向应一致，不一致则调换步进电动机的相序。

⑤ 检查所安装的操作系统、AutoCut（或 HF）控制软件、客户要求安装的其他应用软件等应统一备份在计算机 E 盘中。

⑥ 单击屏幕"属性"→"屏幕保护程序"→"设置"，将"电源使用方案"设为"始终打开"，将"系统等待时间""关闭硬盘""关闭监视器"设为"从不"，不设置屏幕保护程序。

⑦ USB 接口测试：将带有 DXF 文件的 U 盘插入 USB 接口，并在计算机中找到 U 盘，然后在绘图界面中应能读取 U 盘中的 DXF 文件。

(4) 加工合格样件

(5) 现场 5S，清理在调试过程中产生的垃圾，固定好电柜与机床的连线，清洁机床及电柜上的污渍与杂物，将机床易锈部位涂上一层润滑油。

2. 电火花机床联机调试

1) 电柜与机床联机之前，检查机床接线是否正常，将机床连线接好。

2) 机床通电之前要将急停按钮按下，防止机床接线有误的情况下，Z 轴电动机向上或向下高速运转，造成设备损坏。

3) 通电后，按"Z 上""Z 下"按钮，检查 Z 轴上下运行是否正常；上、下限位开关是否正常。

4) 启动油泵，检查油泵正反转；检查火光探头是否起作用（开灯可解除报警）。

5) 以上检测均正常后，可安装电极、工件，进行试加工。

第 6 章

电加工机床维护保养和常见故障的诊断与维修

6.1 线切割机床维护和保养

线切割机床维护保养是为了保持机床能正常可靠地工作、延长使用寿命。维护保养包括日常保养、定期润滑、定期调整、定期更换磨损严重的配件等。

1. 日常保养

（1）班前

1）检查确认交接班记录，了解设备使用状况，特别是故障和异常情况。

2）检查导轨和丝杠不能有脏物，否则，先用棉纱擦净，再用脱脂棉浸10#机油轻擦。

3）检查储丝筒、导轮旋转是否灵活。电极丝处于导丝轮槽内，张紧力应合适。

4）检查电气系统、接线是否正确完好，步进电动机的拖线要处于自如状态，步进电动机确保无污水浸入，报警系统工作安全、可靠。

5）检查机床面上不得有敲砸或碰撞痕迹，不允许搁放其他杂物，丝架与机床面互不干涉，确保工作台运行畅通。

6）检查导电块是否处于良好的导电状态，是否与床身间处于绝缘状态。工作台上的垫条必须与床身绝缘。

7）检查冷却液是否充足或污染，喷水嘴是否损坏。

8）输入程序，首先进行加工轨迹的模拟显示，确定程序正确后，调整好储丝筒正反转的运行限位开关；开机试运转，首先检查电极放电是否正常，电路有无报警，观察设备各部件运动情况是否正常。

（2）班中

1）设备运转中，操作工不能擅离工作岗位，随时观察设备各部件温度、声音、仪表指示、安全报警装置等是否有异常。

2）注意观察润滑和冷却是否有漏油、漏水现象。

(3) 班后

1) 停车前,让导轮转几十秒,使导轮和导轮套间的污水甩出来,注入少量机油后再转几十秒,使缝隙内的机油和污物甩出来,再注入少量机油。确保导轮和轴承处于较洁净的状态。

2) 清净工作台面及防护板,清洁机床外观,打扫机床外围环境卫生。

3) 擦拭、整理本班次使用的机床附件,归类摆放整齐。

4) 对传动轴轴承、丝杆及丝母、拖板导轨注30#机油润滑。

5) 擦洗保养工、夹、量具并归位管理;将已加工好的工件按定置管理要求摆放整齐。

6) 认真填写机床运转情况记录,做好交接班手续。

表6-1为线切割机床日常维护保养点检记录表。

2. 定期润滑

线切割机床需要定期润滑的部位主要有:机床导轨、丝杠螺母、传动齿轮、导轮轴承等。润滑油一般用油枪注入,轴承和滚珠丝杠如有保护套,可以经过半年或一年后再拆开注油。线切割机床润滑要按表6-2所列要求进行,尤其是储丝筒部分,是整个线切割机床运转频率最高、速度最快的部件,要坚持每班次进行润滑。此外,机床各部位轴承及立柱的头架在装配时已经涂好工业黄油,在机床修理时更换。

3. 定期调整

对于丝杠螺母、导轨、电极丝挡块及导电块等,应根据使用时间、间隙大小或沟槽深浅进行调整。如线切割机床采用锥形开槽式的调节螺母,则需适当地拧紧一些,凭经验和手感确定间隙,保持转动灵活。滚动导轨的调整方法为松开工作台一边的导轨固定螺钉,调节螺钉,查看百分表的反映,使其紧靠另一边。挡丝块和导电块如使用时间长摩擦出沟痕,应转动或移动位置,以改变接触部位。

4. 定期更换

(1) 导轮及轴承易耗品如磨损应及时更换

加工前应仔细检查导轮及排丝轮的V形槽的磨损情况,如出现严重磨损应及时更换。导轮质量对加工精度影响很大,一定要选高质量的导轮。安装导轮时,精密轴承要轻轻地静压在导轮轴承座内。切不可反复拆装,破坏装配精度。单班制工作,一般3个月成套更换。

(2) 电解液应定期更换

线切割机床采用水溶性专用线切割液。一般使用1~2周更换一次,否则影响加工效果。

(3) 导电块定期更换

经常检查导电块与电极丝是否有良好可靠的接触,接触不良将直接影响工作的稳定性及加工效率。因此如导电块磨损了,要及时更换。

表 6-1　线切割机床日常维护保养点检记录表

设备名称：线切割机床　　设备编号：　　日期：　　年　　月　　日

序号	检查保养部位及内容	周期	保养日期及记录																														
			1	2	3	4	5	6	7	8	9	10	11	12	13	14	15	16	17	18	19	20	21	22	23	24	25	26	27	28	29	30	31
1	设备各部分运转是否正常，有无异响	每日																															
2	电动机运转是否正常，有无异响	每日																															
3	开机前按要求定时、定点、定量加润滑油，油应清洁无沉淀	每日																															
4	检查工作液箱中的工作液是否足够，水管和喷嘴是否畅通	每日																															
5	查上、下触点是否处于良好状态	每日																															
6	检查各电器开关、按钮是否灵活，可靠	每日																															
7	检查零件有无缺损	每日																															
8	防护罩、护板是否齐全、牢固、清洁	每日																															
9	电气设备线路是否完好无损、安全可靠	每日																															
10	每次工作结束时设备是否清洁干净	每日																															
11	电源线、开关、按钮检查，接线端子锁紧	每月																															
12	导轮或排丝轮用油枪从油嘴处加 0#黄油	每月																															
13	调节 4 只防振垫铁、校正机床水平；纵横向允许误差为0.04/1000mm	每年																															
异常情况记录																																	
保养人签字																																	

每天生产前后都要对设备进行保养，“√”表示检查良好，“×”表示有异常情况，“—”表示休息，“△”表示待修；设备有异常应在“异常情况记录”栏予以记录，并联系相关人员处理

表 6-2　线切割机床定期润滑明细表

序号	润滑部位		润滑周期	润滑方式	润滑油脂种类
1	工作台部件	工作台横向、纵向导轨	每月一次	油枪注油	锂皂基2号润滑油
2		工作台横向、纵向丝杠		油枪注油	锂皂基2号润滑油
3		滑枕上、下移动导轨		油杯	40号机油
4	运丝机构	储丝筒导轨	每月一次	油枪注油	40号机油
5		储丝筒丝杠		油枪注油	锂皂基2号润滑油
6		储丝筒齿轮		油枪注油	40号机油
7	导轮副滚动轴承		每3个月	更换	高速润滑油
8	锥度切割装置导轮副及丝杠		维修装配时填入	维修装配时填入	锂皂基2号润滑油
9	其他轴承		每6个月	更换	锂皂基2号润滑油
10	电动机轴承			按电动机规定	

6.2　电火花机床维护和保养

对电火花机床进行维护和保养的目的是为了保证机床能够正常可靠地工作，延长其使用寿命。

1. 日常保养

（1）班前

① 检查各按键及开关、旋钮等是否灵活可靠，位置正确。

② 检查各安全装置、紧固装置是否准确、灵活、可靠、无松动。

③ 检查各类仪表是否指示正确、灵敏。

④ 检查油位，按润滑图表加油或润滑脂，油路是否畅通，油量是否符合要求。

⑤ 执行热机操作，保证各部件充分运动、润滑。

（2）班中

① 严格遵守操作规程。

② 随时听、看、摸、闻，观察设备运转情况及时处理，不带故障运行。

（3）班后

① 清扫切屑，擦拭外表、主轴锥孔及各滑动面，超过3天不用则要涂油防锈。

② 移动机床各部件、按键及开关置于合理位置。

③ 切断电源、气源。

④ 整理机床周围环境，保持整洁。

⑤ 周末全面擦拭各部位（含操作面板、按钮等），检查清洗过滤装置，按润滑表加油，同时添加冷却液，检查紧固件有无松动。

2. 机床的润滑

（1）机床主轴丝杠副润滑采用40#机油，每班一次。

（2）X、Y向导轨用40#机械油润滑，每班一次。

（3）机床内轴承采用锂基润滑脂，每1~2年更新涂抹一次。

（4）机床主轴导轨和X、Y、W轴（W轴带动滑板运动）丝杠采用锂基润滑，每年更换一次。

3. 检查过滤器

在正常使用下，过滤器纸芯使用寿命约3~6个月。如果开泵两小时后，喷嘴冲出的油很黑或者冲油压力不足，过滤器必须更换。更换纸质过滤芯过程：打开上盖；取出脏滤芯；清洗内壁、上盖；换上新滤芯；拧紧上盖。

4. 工作液槽

工作液槽在出厂前已检查是否渗漏,如发现工作液槽与工作台面的结合处渗漏,可将压紧螺钉均匀地紧一遍。如果还有渗漏,可松开螺钉,更换 3 mm 耐油橡胶密封垫及涂硅铜耐油封胶。如果正门密封渗漏,可换密封条,密封条的材料为 12×16 软耐油橡胶。

5. 主轴头的维护保养

主轴头是保证机床具有较高的几何精度、加工精度及加工灵敏度的主要部件之一,因此在使用时必须注意维护和保养。

主轴正常使用时,其齿形皮带应松紧合适。如果出现主轴进给动作不均匀,或放电加工时,主轴反应不灵敏,可将主轴头罩取下,检查齿形皮带的松紧程度,是否出现爬齿现象或轮与带的齿间出现间隙,通过调整支架的调节螺钉,移动电动机座,保证齿形带适当的松紧。图 6-1 所示为主轴齿形带轮传动机构图,图 6-2 所示为拆卸视图。

图 6-1 主轴齿形带轮传动机构图

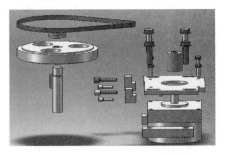
图 6-2 齿形带轮传动机构拆卸视图

1—Z 轴丝杠齿形带轮 2—齿形带松紧调节螺钉
3—伺服电动机 4—齿形带 5—电动机齿形带轮

主轴导轨在装配时已将间隙调好,使主轴有足够的刚度及扭转精度,如发现主轴刚度不足,可请维修人员调整侧面顶丝,如果发现齿形带有大的磨损,必要时请更换。

6. 检查工作液质量

如果加工性能下降,应及时更换工作液。更换步骤如下。

1) 拆卸工作液槽上油管。
2) 拉起油槽泄油手柄,卸掉油槽中的工作液。
3) 接好工作液槽上油管。
4) 拧开油箱下部的放油塞,将油箱完全放空。
5) 清理油箱内残渣。
6) 拧紧放油塞。
7) 灌上清洁的工作液。

7. 维护保养时的注意事项

1) 工作液槽和油箱中不允许进水,以免影响机床精度。
2) 直线滚动导轨和滚珠丝杠内不允许掉入脏物或灰尘。
3) 尽量少开或不开电气柜门,防止生产车间的灰尘、油污和金属粉尘进入,导致电气元件发生损坏。
4) 在设备维修和保养期间,建议用户用木罩子或其他罩子将工作台面保护起来,以免工具或其他物件砸伤或磕伤工作台面。

表 6-3 为电火花机床维护保养点检记录表。

表6-3 电火花机床维护保养点检记录

设备名称：电火花机床　　　　设备编号：　　　　保养日期及记录　　　　日期：　　年　月　日

序号	日常维护保养项目	保养日期及记录																													
		1	2	3	4	5	6	7	8	9	10	11	12	13	14	15	16	17	18	19	20	21	22	23	24	25	26	27	28	29	30	31
1	丝杠轴承及联轴器联接无松动																															
2	各限位开关是否清洁无损																															
3	排屑机槽内是否有积屑																															
4	工作液箱火花液是否清洁无污染																															
5	滤油器、分油器及加油点是否通畅																															
6	电子尺显示是否正常																															
	操作保养人签名																															

备注：以上检查内容，每天由操作工执行并记录。"√"表示已检查项目无异常，"×"表示有异常。如有任何异常，需要填写在备注栏中，并告知负责人，及时解决问题

序号	每月保养项目	保养确认及检查结果	保养人签名	保养时间
1	检查导轨润滑系统的给油间隔时间，一般是间隔1小时，打油1分钟			
2	用水平仪查看机床工作台的水平，保证在0.02 mm/m以内			
3	用百分表检测主轴跳动是否在0.02 mm/300 mm以内			
4	用百分表检测各轴重复定位精度，保证在0.01 mm以内			
5	用百分表检测各轴反向定位精度，保证在0.02 mm以内			
6	检查电气箱的过滤网有无破损并清洗干净			
7	检查电气箱及外部的电线有无变色或者松动，若有必须上报，不可自行解决			
8	用气枪吹静设备各电动机风扇上的污垢			
9	对设备的死角进行一次彻底清洁			

备注：以上检查内容，每月定期由操作工执行并记录检查结果。如有任何异常，需要告知负责人，及时解决问题

序号	年度保养项目	保养确认及检查结果	保养人签名	保养时间
1	检查润滑系统，压力表状态，清洗润滑系统过滤网，更换润滑油，疏通油路			
2	检查气路系统，清洁空气过滤网，消除压力气体的泄漏			
3	检查液压系统，清洁过滤器，更换或过滤油液，必要时，更换密封件			
4	紧固各传动部件，更换不良标准件。油脂润滑部位，按要求加注润滑脂，清洁，清洗各传动面			
5	清洁电控制柜内电气元件，检查，紧固连线端子的紧固状态，确认系统电池电量			
6	检查主轴在额定最高转速下运转时轴承状态，紧固时轴承状态，主轴300 mm径向跳动、主轴与工作台面的垂直度			
7	X/Y/Z轴相互垂直度检测，重复定位精度检测，累计误差检测以及各滚珠丝杠轴承状态检查			

备注：以上检查内容，每年定期由操作工执行并记录检查结果。如有任何异常，需要告知负责人，及时解决问题

6.3 机床常见故障诊断与处理

设备常见故障可分为机械装置故障、电气故障和电子装置故障,具体故障要根据实际情况进行判断处理。

6.3.1 线切割机床常见故障与处理

1. 线切割机床常见机械装置故障与处理方法(见表6-4)

表6-4 线切割机床常见机械装置故障与处理方法

序号	故障现象	可能产生的原因	处理方法
1	导轮转动不灵活;导轮有跳动;导轮有噪声	① 导轮轴承有脏物,或磨损严重 ② 轴承安装不当 ③ 导轮安装不当,动平衡不好	① 清洗或换导轮及轴承,仔细安装 ② 更换轴承 ③ 更换导轮与轴承
2	刚开始切割工件就断丝	① 进给不稳,开始切入速度太快或电流过大 ② 切割时,工作液没有正常喷出 ③ 电极丝在储丝筒上盘绕松紧不一致,造成局部抖丝剧烈 ④ 导轮及轴承已磨损或导轮轴向及径向跳动大,造成抖丝剧烈 ⑤ 线架尾部挡丝棒没调整好,挡丝位置不合适造成叠丝 ⑥ 工件表面有毛刺、氧化皮或锐边	① 刚开始切入时,速度应稍慢,根据工件材料的薄厚,逐渐调整速度至合适数值 ② 排除不能正常喷液的原因,检查液泵及管路 ③ 尽量张紧电极丝,消除抖动现象,必要时调整导轮位置,使电极丝入槽内 ④ 如果张紧电极丝,调整导轮位置效果不明显,则应更换导轮及轴承 ⑤ 检查电极丝在挡丝棒位置是否接触或者靠向里侧 ⑥ 清除工作表面氧化皮和毛刺
3	在切割过程中突然断丝	① 储丝筒换向时断丝,没有切断高频电源时换向,致使电极丝烧断 ② 工件材料热处理不均匀,造成工件变形,夹断电极丝 ③ 电加工参数选择不当 ④ 工作液使用不当,浓度低或脏,以及工作液流量小或堵塞 ⑤ 导电块或挡丝棒与电极丝接触不好,或已被电极丝割出凹痕,造成卡丝 ⑥ 电极丝质量不好或已霉变发脆	① 检查处理储丝筒换向未切断高频电源的故障 ② 工件材料要求材质均匀,并经适当热处理,使切割时不易变形,提高加工效率,保证电极丝不断 ③ 合理选择电加工参数 ④ 合理配制工作液,经常保持工作液的清洁,检查油路是否畅通 ⑤ 调整导电块或挡丝棒的位置,必要时更换导电块或挡丝棒 ⑥ 更换电极丝,切割较厚工件时用较粗电极丝加工
4	断丝	① 导轮不转或转动不灵,电极丝与导轮造成滑动摩擦而拉断电极丝 ② 在工件接近切割完成时断丝,是工件材料变形将电极丝夹断,在断丝前会出现短路 ③ 工件切割完时掉落撞断电极丝 ④ 空运转时断丝	① 重新调整导轮,用紧丝轮紧丝 ② 加工时选择正常的切割材料和切割路线,从而最大限度地减小变形 ③ 一般在快切割完时用磁铁吸住工件,防止撞断电极丝 ④ 检查电极丝是否在导轮、挡丝棒内,电极丝排列有无叠丝现象,检查储丝筒转动是否灵活
5	加工工件精度差	① 线架导轮径向跳动或轴向跳动较大 ② 齿轮啮合存在间隙 ③ 步进电动机静态力矩太小造成丢步 ④ 加工工件因材料热处理不当造成变形误差 ⑤ 十字工作台垂直度不好	① 检查测量导轮跳动及跳动误差,公差值轴向为0.005 mm、径向为0.002 mm,如不符合要求,需调整或更换导轮及轴承 ② 调成步进电动机位置,消除齿轮啮合间隙 ③ 检查步进电动机及24 V驱动电压是否正常 ④ 选择好加工件材料及热处理加工工艺 ⑤ 重新调整十字工作台

(续)

序号	故障现象	可能产生的原因	处理方法
6	加工工件表面粗糙度差	① 导轮窜动大或电极丝上下导轮不对中 ② 喷水嘴中有切屑嵌入造成堵塞 ③ 工作台及储丝筒丝杠轴向间隙未消除 ④ 储丝筒跳动超差，造成局部抖丝 ⑤ 电规准选择不适当 ⑥ 高频与高频电源的实际切割能力不相适应 ⑦ 工作液选择不当或者太脏 ⑧ 电极丝张紧不均匀或者太松	① 需要重新调整导轮，消除跳动并使电极丝处于上下导轮槽中间位置 ② 及时清理切屑 ③ 重新调整间隙 ④ 检查跳动误差径向公差值为 0.002 mm ⑤ 重新选择电规准 ⑥ 重新选择高频电源开关数量 ⑦ 更换工作液 ⑧ 重新调整电极丝松紧

2. 线切割机床常见电气故障与处理方法（见表 6-5）

表 6-5 线切割机床常见电气故障与处理方法

序号	故障现象	可能产生的原因	处理方法
1	不能启动	① 三相电源缺相 ② 三相电源电压值过低	① 检查电源进线及三相电源电压幅值 ② 检查电源电压幅值应在 −15%~+10% 之间
2	走丝电动机不运转	① 走丝电动机控制接触器不吸合 ② 走丝电动机控制电路故障 ③ 走丝电动机故障	① 检查接触器 KA、KM2、KM3 是否吸合、是否有控制电压，如有电压不吸合则需更换接触器或者更换接触器线圈 ② 检查急停按钮是否按下，恢复按下应有控制电压，KA 接触器常开触点自锁，行程开关 SQ1 和 SQ2 触点控制运丝电动机正、反转向，检测触点及闭合状态 ③ 检查三相电源通过接触器通入电动机，检查电动机绕组是否有短、断路点，若无，则检查电动机绝缘，相间绝缘小于规定值时应更换电动机；若有，则进行处理，还要进行绝缘测量后，再通电试运行。对地绝缘应 ≥0.5~1 MΩ
3	走丝电动机异常	① 走丝电动机突然停机可能是三相电压波动太大或电压太低 ② 走丝电动机没有刹车，可能保险丝熔断或二极管被击穿 ③ 断丝保护不起作用，可能使用时间过长 ④ 导电块过脏，造成导电块与机床绝缘被破坏 ⑤ 模式开关在"关"状态机床不能启动，可能是接触不良或断丝保护开关电路发生故障	① 检查进线电压幅值及波动情况，应在正常范围以内，否则改善电源质量 ② 检查 FU 保险器是否熔断，若熔断则要检查刹车二极管是否击穿，若击穿，则先更换后再更换保险管 ③ 检验断丝保护作用，启动机床，若启动则证明断丝保护不起作用 ④ 检查导电块并清洗干净，拆掉上导电块上面的导线并检查电路 ⑤ 检查上下导电块与电极丝之间的接触是否良好，导电块的引出线是否松开，与电气箱连线是否断开，否则调换断丝保护及总停控制板
4	冷却泵电动机不工作	① 水泵电动机接触器不吸合 ② 水泵电动机可能损坏	① 检查接触器 KM1 是否吸合，检查 KM1 线圈两端是否无电压，否则更换接触器 ② 检查电动机是否无三相电压，否则检查电动机本体，若电动机烧坏则更换
5	无高频电	① 电源指示灯不亮，可能电源保险丝熔断或者整流滤波电路故障 ② 有高频指示电压，无高频输出，可能是高频功放输出和高频控制开关故障 ③ 功放开关在某挡无电流	① 检查进线插头接触是否良好，保险丝是否熔断；如果保险丝熔断，需要检查整流滤波电路和全桥整流器，检查滤波电解电容器是否击穿损坏 ② 检查高频功放管驱动电路，功放管是否烧坏，如果烧坏可更换；检查高频控制继电器接触是否良好，线圈及触点是否烧坏；检查振荡电路有无脉冲信号；检查高频输出电路、电流表是否有开路损坏；模拟/数字转换开关是否损坏等 ③ 检查该挡功放电路的功放管，检查电路中二极管稳压管是否击穿，如果损坏可更换

(续)

序号	故障现象	可能产生的原因	处理方法
6	高频电不正常	① 功放开关在某档电流过大 ② 加工电流异常增大	① 功放开关在某档电流过大，其他各档正常，则振荡电路工作正常，只是该档存在问题，检查方法同上 ② 检查功放管是否损坏，如果损坏可更换；检查振荡电路，脉冲信号占空比是否变大；检查在高频电源输出端的反向二极管是否被击穿，如果击穿可更换
7	功放管损坏	① 功放管本身质量差 ② 定流检测电路有故障，功放管过流损坏 ③ 保护功放管的释放二极管损坏，击穿功放管 ④ 机床长期高速重载工作，使功放管过载烧坏	① 检查电路是否正常，如果功放管耐压差，应重新选购 ② 检查电路是否存在故障，如果过流击穿功放管，应处理电路故障后更换功放管 ③ 检查功放电路释放二极管是否击穿损坏，如果损坏可更换 ④ 机床长期重载工作要开启轴流风机，通风散热，开启柜门散热，以防止功放管过热烧坏
8	有高频无进给	① 高频取样线断或者正、负极接错 ② 变频调节电位器调节不当或接触不良 ③ 变频电路故障	① 检查高频取样电路有无断线开路，检查正负极性是否正确 ② 检查变频调节电位器 W 是否在最小位置，可调大，检查有无接触不良故障 ③ 检查变频器电路元器件如晶体管、电容器、集成块锁相环 4046 是否良好，用示波器检测压控振荡脉冲、输入和输出情况以及光电耦合器的输出状态，损坏可更换（采用 WX-A 型）
9	关机加工程序丢失	① 主机板上 3.6 V 电池供电不正常 ② 存放程序的集成块故障 ③ 干扰屏蔽处理不良，造成程序紊乱或丢失	① 检查主机板上 3.6 V 电池电压是否正常，线路是否正常，有无开路、短路并进行处理 ② 检查集成块有无外观损坏，还要根据丢失程序情况判断集成块的故障，检查 RAM 存放加工图形程序，ERROM 存放控制程序是否丢失 ③ 检查防干扰措施，加强屏蔽处理，如屏蔽线是否完好，接地是否良好，可增加防干扰措施，采用电容器滤波技术
10	步进电动机锁不住	① +24 V 步进电动机驱动电源没有或者偏低 ② 步进电动机连接线断或驱动电阻烧坏 ③ 面板上环形分配指示异常，可能是功放管损坏或接口电路有故障 ④ 由其他机械和电气故障引起	① 检查 +24 V 驱动电源供电是否正常，检查电源输入到变压器、保险丝、变压整流器、滤波电路是否正常；如果异常则更换器件，如果供电正常则检查输出端子、连线有无松动、断线开路等 ② 检查步进电动机连线及接插件是否连接可靠，驱动电阻烧坏则更换 ③ 环形分配器指示灯应不停地轮回跳动，检查功放管是否烧坏，检查接口电路上拉电阻、反相驱动器有无烧坏，如损坏则更换 ④ 检查机械连接驱动部件定子和转子情况，检查电动机绕组线圈是否良好
11	步进电动机工作不正常	① +24 V 驱动电源电压不足 ② 接插件连接接触不良、缺相等 ③ 有驱动电源，步进电动机不锁	① 检查驱动电源幅值，检查整流桥是否损坏，检查滤波电容是否损坏，如损坏则更换 ② 检查驱动电源与步进电动机的连接是否可靠，若有接触不良和缺相则处理 ③ 检查滤波电容是否良好，检查供电电压幅值是否低于下限值，否则检查步进电动机连线、绕组及绝缘情况，损坏则更换
12	能开机但按键无效	① 供电电压低于下限极限电压 ② 按键失效可能是键盘与主机断线	① 若供电电压低于 150 V，需加交流稳压电源 ② 键盘与主机电路板的插头座及连线要牢固

(续)

序号	故障现象	可能产生的原因	处理方法
13	指令输入冲数	① 交流电源强干扰 ② 输入/输出通道干扰	① 检查机床电路进线电源零线、地线情况，可加电感电容滤波以防电磁干扰 ② 检查计算机输入/输出连线，要有屏蔽，老型号机型应采用隔离元件替换，如采用隔离变压器、光电耦合器等进行交、直流隔离
14	按多位键显示不正常	按单板机"复位"键，显示器不出现"-"或显示不正常	应检查单板机供电电源+5 V，常设计两级稳压，先断开负载，检查主端稳压器的输出，再逐级向电源级检查，包括滤波、整流等电路
15	步进电动机失步	① 控制器输出不正常，环形分配器指示灯有一盏常亮或不亮 ② 步进电动机轴不转动或来回颤动可能是缺相	① 检查单板机控制的该相输出电压和输入电压，输入正常、输出不正常，则更换功放管；输入电压不正常检查单板机驱动电路 ② 检查控制步进电动机的输入是否有缺相，再检查功放电路是否击穿功放管

6.3.2 电火花机床常见故障与处理

电火花机床常见故障与处理方法，见表 6-6。

表 6-6 电火花机床常见故障与处理方法

序号	故障现象	可能产生的原因	处理方法
1	电柜开机，计算机显示器没有反应	计算机的开关电源坏了	检查计算机主板上的电源指示灯是否亮，不亮则检查计算机的输入电压是否正常或更换开关电源
		显示器有故障	① 检查显示器输入电源是否正常 ② 检查显示器的信号线插头与计算机主板是否插牢 ③ 更换显示器
		计算机主板卡有问题	① 将计算机主板上的显卡取下，用酒精将插脚清洗干净，重新插入或换个插槽插入 ② 有多台机床的情况下，可将显卡与别的机床进行互换测试 ③ 如显卡有故障，请厂家维修或更换
2	电柜开机，蜂鸣器报警	面板上积炭报警灯亮	将面板上积炭开关 ARC ADJ 逆时针旋到底，再启动放电加工
		深度到达灯亮	Z 轴压住下限位开关或下限位开关有问题，上升 Z 轴或检查下限位开关
		火光报警灯亮	车间内光线太亮，有人值守时，将机床立柱上的感光探头遮下光，开关一次工作灯即可消除报警
		碰边报警灯亮	① 校电极时此灯亮：将校电极按一下，校电极灯亮即可消除报警 ② 电极与工件相碰或红黑放电线短路：提升 Z 轴或检查电柜红黑接线柱到机床接线是否有短路状态 ③ 电柜后板右下角 D703-6 板上的二极管烧坏：将此板上的接线取下一根，即可消除报警并可继续加工，等换上新的同型号的二极管后再接上此线 ④ 电柜左侧外边，电柜出线盒上从上到下第 3 个保险丝烧坏：此时电柜电压表上无电压（正常情况下，一开机电压表上应有 20 V 左右的电压）

（续）

序号	故障现象	可能产生的原因	处理方法
3	碰边不报警，电压表上有20V左右的电压	电柜到机床上的红黑接线松动，接触不良	检查红黑放电线
		电柜后板上边的塑壳继电器触点接触不良	短接此继电器上方两根细电线，如果蜂鸣器能报警，则说明此继电器有问题，应清洁或调整此继电器的触点，必要时更换
4	Z轴上升下降有故障，不升不降，只升不降或只降不升	电柜内最右边036板的电源有故障	① 当LED1~LED4灯不亮：将此板取下，清扫其上灰尘，并压紧其上芯片，还不亮说明此板有元件损坏，需仔细检查或更换此板 ② LED5、LED6灯不亮：检查此板上的小整流桥BD3、BD4是否烧坏 ③ +12V、-12V灯不亮：检查此板上的整流桥BD1、BD2及稳压管U113、U114输入输出电压是否正常，是否烧坏 ④ 60V灯不亮：检查电柜左侧外面出线盒内，从上到下第4个保险丝是否烧坏，如果经常烧此保险丝，检查插此板插座的上方整流桥是否烧坏，也可能是036板功率回路有故障，需仔细检查或更换
		电柜内最左边033板的继电器有问题	开机后，此板上的指示灯LED5、LED6、LED7应不亮，按"Z上升"按钮时，LED6、LED7灯应亮，按"Z下降"按钮时，LED5、LED7灯应亮，上升下降时应能听到继电器吸合的声音；如不对将此板取下，清扫其上灰尘，并压紧其上芯片，还不对说明此板有元件损坏，需仔细检查或更换
		手控盒上的调速旋钮调到了最小位置或损坏了	检查此调速电位器
		Z轴上下限位开关有故障	检查这两个开关的常闭触点是否断开，接线是否脱落
		按出厂图纸检查插036的插槽右边G02上1、2脚与主轴上的伺服电动机红、蓝线是否断线或短路	G02上3、4脚与主轴上的伺服电动机黑、白线是否断线或短路
5	放电加工时，Z轴不向下加工，向上提升	无加工电压，面板电压表上无电压	① 检查电柜后板左边的塑壳继电器是否吸合 ② 放电板的继电器应吸合 ③ 检查高低压整流电桥应有260V、90V的直流电压输出
		电柜内034板有问题	将此板取下，清扫其上灰尘，并压紧其上芯片，还不亮说明此板有元件损坏，需仔细检查或更换此板
6	光栅尺不计数或计数不对	光栅尺输入接头松动	① 检查接口板066板上右边P1接头是否松动 ② 检查电柜后面，右侧出线盒上的048板上的DB25芯插头是否松动
		光栅尺损坏或接口板066板有故障	将X、Y、Z能计数的光栅尺与不能计数的光栅相互对调，检测是电柜有问题，还是光栅尺有问题，电柜有问题则更换066板或其上的U19、U20、U21三个芯片
7	油泵不转或不出油	油泵不转	① 检查电柜后面的接触器吸不吸合，不吸合则将下面的热保护器复位；开油泵时，033板上的继电器RE4应吸合 ② 检查FU1保险丝是否烧坏
		不出油	① 检查油泵电动机转向应与电动机上标明的方向一致 ② 长时间不用时，应将油泵上的注油孔打开，将油泵加满油

附录

附录 A　电切削工职业技能鉴定（中高级）理论知识样题

1. 判断题（正确的填"√"，错误的填"×"）

（1）在脉冲宽度一定的条件下，若脉冲间隔减小，则加工速度降低。（　）

（2）为了保证电火花加工过程的正常进行，在两次放电之间必须有足够的时间间隔让电蚀产物充分排出，恢复放电通道的绝缘性，使工作液介质消电离。（　）

（3）在电火花加工时，相同材料（如用钢电极加工钢工件）的被腐蚀量是相同的，这种现象称为极性效应。（　）

（4）在电火花加工中，工作液的种类、黏度、清洁度对加工速度有影响。（　）

（5）在加工中选择极性，可以只考虑加工速度，而不需要考虑电极损耗。（　）

（6）在电火花线切割加工中工件受到的作用力较大。（　）

（7）在型号为 DK7632 的数控电火花线切割机床中，D 代表电加工机床。（　）

（8）目前我国主要生产的电火花线切割机床是快走丝电火花线切割机床。（　）

（9）线切割机床通常分为两类，一类是快走丝，另一类是慢走丝。（　）

（10）快走丝线切割加工速度快，慢走丝线切割加工速度慢。（　）

（11）线切割加工工件时，电极丝的进口宽度与出口宽度相同。（　）

（12）快走丝线切割加工中，常用的电极丝为钨丝。（　）

（13）电火花线切割加工过程中，电极丝与工件间不会发生电弧放电。（　）

（14）在电火花线切割加工过程中，可以不使用工作液。（　）

（15）3B 代码编程方法是最先进的电火花线切割编程方法。（　）

（16）在 G 代码编程中 G04 属于延时指令。（　）

（17）工件被限制的自由度少于六个，称为欠定位。（　）

（18）程序段中有了 G01 指令，下一程序段如果仍然是 G01，则 G01 可省略。（　）

（19）低碳钢的硬度比较小，所以用线切割加工低碳钢的速度比较快。（　）

（20）快走丝切割机床的导轮要求使用硬度高、耐磨性好的材料制造，如高速钢、硬质合金、人造宝石或陶瓷等材料。（　）

（21）数控线切割机床的坐标系采用右手直角笛卡儿坐标系。（　）
（22）电火花线切割加工可以用来制作成形电极。（　）
（23）线切割加工中工件几乎不受力，所以加工中工件不需要定位。（　）
（24）线切割机床在加工过程中产生的气体对操作者的健康没有影响。（　）
（25）慢走丝线切割机床，除了浇注式供液外，有些还采用浸泡式供液方式。（　）
（26）线切割加工机床的供液方式与普通机床供液方式相同。（　）
（27）工作液的质量及清洁度对线切割加工影响不大。（　）
（28）电火花线切割加工机床脉冲电源的脉冲宽度一般在 2~60 μs。（　）
（29）电火花线切割在加工厚度较大的工件时，脉冲宽度应选择较小值。（　）
（30）导向器是慢走丝线切割机床导丝机构中的重要部件，它的寿命要比快走丝线切割的导轮长。（　）
（31）在加工落料模时，为了保证产品尺寸，应将配合间隙加在凹模上。（　）
（32）数控电火花线切割机床的控制系统不仅对轨迹进行控制，同时还对进给速度进行控制。（　）
（33）脉冲宽度及脉冲能量越大，则放电间隙越小。（　）
（34）如果线切割单边放电间隙为 0.01 mm，钼丝直径为 0.18 mm，则加工圆孔时的电极丝补偿量为 0.19 mm。（　）
（35）利用线切割机床可以加工不通孔。（　）
（36）电火花线切割机床不仅可以加工导电材料，还可以加工不导电材料。（　）
（37）线切割加工通常采用正极性加工。（　）
（38）线切割在加工过程中总的材料蚀除量比较小，使用线切割加工比较节省材料，因此线切割加工是零件加工时首先考虑选择的加工方式。（　）
（39）由于线切割加工的材料蚀除量比电火花加工要少很多，所以线切割加工速度要比电火花加工速度快许多。（　）
（40）由于线切割加工是利用电极丝作为工具电极，而电火花加工需要制造成形电极，所以线切割加工零件的周期比电火花加工要短。（　）
（41）因为快走丝线切割加工中电极丝的损耗大，加工零件精度低，所以快走丝线切割一般用于零件的粗加工。（　）
（42）B 代码程序格式分为 3B 格式、4B 格式、5B 格式等，其中 3B、4B、5B 的含义是指编程时使用指令参数的个数，它们分别为 3 个、4 个、5 个指令参数。（　）
（43）线切割机床在精度检验前，必须让机床各坐标往复移动几次，储丝筒运转十多分钟，即在机床处于热稳定状态下进行检测。（　）
（44）轴的定位误差可以反映机床的加工精度的能力，这将是数控机床最关键的技术指标。（　）
（45）机床的定位精度应与该机床的几何精度相匹配，定位精度要求较高的机床，该机床的几何精度也相应较高。（　）
（46）在型号为 DK7632 的线切割机床中，数字 32 是机床基本参数，它代表该线切割机床工作台的横向行程为 320 mm。（　）
（47）在快走丝线切割加工中，工件材料的硬度越小，越容易加工。（　）

(48) 悬臂式支撑是线切割加工比较常用的装夹方法,其特点是通用性强、装夹方便、但装夹后工件容易出现倾斜现象。 ( )
(49) 快走丝线切割机床的本体主要包括工作台、运丝机构和床身3个部分。 ( )
(50) 虽然线切割机床型号不同,但它们所能使用的电极丝直径都相同。 ( )

2. 选择题(不定项选择正确答案,将相应字母填入题内的括号中)

(1) 在电火花加工中工件接电源( ),电极接( )称为负极性加工。
A. 正极 正极   B. 正极 负极   C. 负极 正极   D. 负极 负极

(2) 在电火花成形加工过程中,低压电流过大容易引起( ),烧伤电极和工件。
A. 绝缘   B. 电弧   C. 放电   D. 火花

(3) 下列不能使用电火花加工的材料为( )。
A. 铜   B. 铝   C. 硬质合金   D. 大理石

(4) 开启液压泵前,应使泄油阀放下,并使排油拉杆处于( )位置。
A. 水平   B. 竖直向下   C. 竖直向上   D. 关闭

(5) 电火花成形加工的对象有( )。
A. 任何硬度,高熔点包括经热处理的钢和合金
B. 冷冲模中的型孔
C. 塑料模中的型腔
D. 以上都能加工

(6) 脉冲宽度的单位是( )。
A. μs   B. ms   C. s   D. min

(7) 电火花加工又称为放电加工,简称( )。
A. WEDM   B. EDM   C. ZNC   D. CNC

(8) 电火花成形加工中,放电参数是根据以下哪些因素选择( )。
A. 表面粗糙度   B. 电极和工件材料
C. 电极形状   D. 以上因素都有

(9) 电火花成形机床使用( )作为工作液。
A. 纯水   B. 机油   C. 乳化液   D. 专用火花油

(10) 下列材料中,适合作为精加工电极材料的是( )。
A. 钢   B. 纯铜   C. 石墨   D. 黄铜

(11) 在线切割加工过程中,放电通道中心温度最高可达( )℃左右。
A. 1000   B. 10000   C. 100000   D. 5000

(12) 在型号DK7725的线切割机床中,K是( )。
A. 机床特性代号,表示快走丝   B. 机床类别代号,表示数控
C. 机床特性代号,表示数控   D. 机床类别代号,表示快走丝

(13) 使用线切割机床不可以加工( )。
A. 方孔   B. 小孔   C. 阶梯孔   D. 窄缝

(14) 下列不属于电火花线切割机床组成的是( )。
A. 机床本体   B. 脉冲电源   C. 工作液循环系统   D. 电极丝

(15) 线切割加工过程中,工作液必须具有的性能是( )。

A. 绝缘性能　　　　B. 洗涤性能　　　　C. 冷却性能　　　　D. 润滑性能

(16) 在线切割加工中,当穿丝孔靠近装夹位置开始切割时,电极丝的走向应该(　　)。

A. 离开夹具的方向进行加工

B. 沿与夹具平行的方向进行加工

C. 沿离开夹具的方向或夹具平行的方向

D. 无特殊要求

(17) 快走丝线切割在加工钢件时,其单边放电间隙一般取(　　)。

A. 0.02 mm　　B. 0.01 mm　　C. 0.03 mm　　D. 0.001 mm

(18) 线切割加工中,工件一般接电源的(　　)。

A. 正极,称为正极性加工　　　　B. 负极,称为负极性加工

C. 正极,称为负极性加工　　　　D. 负极,称为正极性加工

(19) 用线切割机床加工直径为 10 mm 的圆孔,在加工中当电极丝的补偿量设置为 0.12 mm 时,加工孔的实际直径为 10.02 mm。如果要使加工的孔径为 10 mm,则采用的补偿量应为(　　)。

A. 0.10 mm　　B. 0.11 mm　　C. 0.12 mm　　D. 0.13 mm

(20) 线切割加工一般安排在(　　)。

A. 淬火之前,磨削之后　　　　B. 淬火之后,磨削之前

C. 淬火与磨削之后　　　　　　D. 淬火与磨削之前

(21) 在使用 3B 代码编程时,要用到(　　)指令参数。

A. 2个　　　B. 3个　　　C. 4个　　　D. 5个

(22) 数控线切割机床坐标系统的确定是假定(　　)。

A. 工件相对静止的电极丝运动　　B. 电极丝相对工件而运动

C. 电极丝、工件都运动　　　　　D. 电极丝、工件都不运动

(23) 快走丝线切割在加工钢件时,在切割表面的进出口两端附近,往往有黑白相间交错的条纹,关于这些条纹下列说法中正确的是(　　)。

A. 黑色条纹微凹,白色条纹微凸;黑色条纹处为入口,白色条纹处为出口

B. 黑色条纹微凸,白色条纹微凹;黑色条纹处为入口,白色条纹处为出口

C. 黑色条纹微凹,白色条纹微凸;黑色条纹处为出口,白色条纹处为入口

D. 黑色条纹微凸,白色条纹微凹;黑色条纹处为出口,白色条纹处为入口

(24) 以下说法中(　　)是正确的。

A. 只有 G92 是工件坐标系设定指令

B. 所有数控机床在加工时都必须返回参考点

C. 根据需要,一个工件可以设置几个工件坐标系

D. 程序开头必须用 G00 运行到程序原点

(25) 目前快走丝线切割加工中应用较普遍的工作液是(　　)。

A. 煤油　　　B. 乳化液　　　C. 全损耗系统用油　　　D. 水

(26) 测量与反馈装置的作用是为了(　　)。

A. 提高机床安全性　　　　　　B. 提高机床的使用寿命

C. 提高机床的定位精度、加工精度　　D. 提高机床的灵活性

(27) 快走丝线切割机床电极丝工作状态为（　　）。
A. 往复供丝，反复使用　　　　　　B. 单向运行，一次性使用
C. 往复供丝，一次性使用　　　　　D. 单向运行，反复使用

(28) 在线切割加工中，采用正极性接法的目的有（　　）。
A. 提高加工速度　　　　　　　　　B. 减少电极丝损耗
C. 提高加工精度　　　　　　　　　D. 提高表面质量

(29) 线切割加工称为（　　）。
A. EDM　　　　B. WEDM　　　　C. ECM　　　　D. EBM

(30) 步进电动机驱动器是由（　　）组成。
A. 环形分配器　　B. 功率放大器　　C. 频率转换器　　D. 多谐振荡器

(31) 线切割加工机床脉冲电源的脉冲宽度与电火花加工机床脉冲电源的脉冲宽度相比（　　）。
A. 差不多　　　　B. 小很多　　　　C. 大很多　　　　D. 不确定

(32) 线切割加工中，当工作液的绝缘性能太高会（　　）。
A. 产生电解　　B. 放电间隙小　　C. 排屑困难　　D. 切割速度缓慢

(33) 线切割加工编程中参数通常使用（　　）作为单位。
A. m　　　　　　B. cm　　　　　　C. mm　　　　　　D. μm

(34) 快走丝线切割加工机床的加工精度一般在（　　）。
A. 0.01～0.05 mm　　　　　　　　B. 0.01～0.04 mm
C. 0.1～0.5 mm　　　　　　　　　D. 0.05～0.1 mm

(35) 慢走丝线切割加工机床的加工精度一般在（　　）。
A. 0.01～0.05 mm　　　　　　　　B. 0.01～0.04 mm
C. 0.1～0.5 mm　　　　　　　　　D. 0.05～0.1 mm

(36) 线切割加工的微观过程可以分为极间介质的电离、击穿，形成放电通道；介质热分解、电极材料熔化、汽化热膨胀；电极材料的抛出；极间介质的消电离4个阶段。在这4个阶段中，间隙电压最高的在（　　）。
A. 极间介质的电离、击穿，形成放电通道
B. 电极材料的抛出
C. 介质热分解、电极材料熔化、汽化热膨胀
D. 极间介质的消电离

(37) 线切割加工时，工件的装夹方式一般采用（　　）。
A. 悬臂式支撑　　B. V形夹具装夹　　C. 桥式支撑　　D. 分度夹具装夹

(38) 将钢加热到发生相变的温度，保温一定时间，然后缓慢冷却到室温的热处理叫（　　）。
A. 退火　　　　B. 回火　　　　C. 正火　　　　D. 调质

(39) 机床夹具，按（　　）分类，可分为通用夹具、专用夹具、组合夹具等。
A. 使用机床　　　　　　　　　　　B. 驱动夹具工作的动力源
C. 夹紧方式　　　　　　　　　　　D. 专门化程度

(40) 在加工厚的工件时，要保证加工的稳定性，放电间隙要大，所以（　　）。

A. 脉冲宽度和脉冲间隔都取较大值　　B. 脉冲宽度和脉冲间隔都取较小值
C. 脉冲宽度取较大值，脉冲间隔取较小值　D. 脉冲宽度取较大值，脉冲间隔取较小值

(41) 快走丝线切割机床，影响其加工质量和加工稳定性的关键部件是（　　）。
A. 运丝机构　　B. 工作液循环系统　　C. 脉冲电源　　D. 伺服控制系统

(42) 对于快走丝线切割机床，在切割加工过程中电极丝运行速度一般为（　　）。
A. 3～5 m/s　　B. 8～10 m/s　　C. 11～15 m/s　　D. 4～8 m/s

(43) 对于满走丝线切割机床，在切割加工过程中电极丝运行速度一般不大于（　　）。
A. 1 m/s　　B. 2 m/s　　C. 0.25 m/s　　D. 0.6 m/s

(44) 线切割加工的特点有（　　）。
A. 不必考虑电极丝损耗　　B. 不能加工精密细小、形状复杂的工件
C. 不需要制造电极　　D. 不能加工不通孔类和阶梯形面类工件

(45) 电火花线切割机床一般维护保养方法是（　　）。
A. 定期润滑　　B. 定期调整　　C. 定期更换　　D. 定期检查

(46) 在快走丝线切割加工中，当其他工艺条件不变时，增大短路峰值电流，可以（　　）。
A. 提高切割速度　　B. 使表面粗糙度变好
C. 降低电极丝损耗　　D. 增大单个脉冲能量

(47) 在快走丝线切割加工中，当其他工艺条件不变时，增大开路电压，可以（　　）。
A. 提高切割速度　　B. 使表面粗糙度变差
C. 增大加工间隙　　D. 降低电极丝的损耗

(48) 在快走丝线切割加工中，当其他工艺条件不变时，增大脉冲宽度，可以（　　）。
A. 提高切割速度　　B. 使表面粗糙度变好
C. 增大电极丝的损耗　　D. 增大单个脉冲能量

(49) 在加工工件较厚时，要保证加工稳定，放电间隙要大，所以（　　）。
A. 脉冲宽度和脉冲间隔都取较大值
B. 脉冲宽度和脉冲间隔都取较小值
C. 脉冲宽度取较大值，脉冲间隔取较小值
D. 脉冲宽度般较小值，脉冲间隔取较大值

(50) 在线切割加工中，加工穿丝孔的目的有（　　）。
A. 保证零件的完整性　　B. 减小零件在切割中的变形
C. 容易找到加工起点　　D. 提高加工速度

3. 简答题

(1) 电火花加工的物理本质是什么？
(2) 电火花成形加工与电火花线切割加工有什么不同？
(3) 电火花线切割加工特点有哪些？其主要应用在哪些方面？
(4) 电火花线切割加工的主要工艺指标有哪些？影响表面粗糙度的主要因素有哪些？
(5) 电火花线切割加工常采用哪些措施来提高加工质量？
(6) 电火花线切割加工对工件装夹有哪些要求？
(7) 快走丝线切割与慢走丝线切割哪个加工精度高？为什么？
(8) 线切割加工电极丝的选择原则是什么？

(9) 电火花线切割机床有哪些常用功能?

(10) 什么是极性效应?在电火花线切割加工中如何利用极性效应?

(11) 分析影响电火花线切割加工速度的因素。

(12) 电火花线切割加工的微观过程包括哪几个阶段?在每个阶段有什么主要表现?

附录 B 电切削工职业技能鉴定（中高级）技能测试样题

1. 按照图 B-1 所示配合零件的尺寸及技术要求，使用线切割加工设备加工件 1、件 2 零件，并使两工件配合（考试时间：120 min）。其考核内容及评分标准，见表 B-1。

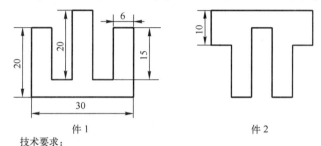

件 1　　　　　　　件 2

技术要求：
1. 件 2 尺寸按照件 1 尺寸配合切割，两工件的双边配合间隙为 0.05mm。
2. 工件周边表面粗糙度为 $Ra \leq 1.6 \mu m$。

图 B-1　配合零件

表 B-1　考核内容及评分标准

序号	工件编号 考核项目	考核内容及要求	配分	得分 评分标准	检测记录	得分
1	工艺分析	① 工件装夹合理 ② 起割点选择合理 ③ 加工顺序合理 ④ 关键工序正确	10	每违反一条酌情扣 2~3 分。扣完为止		
2	线切割机床规范操作	① 开机前的检查和开机顺序 ② 机床面板操作正确 ③ 合理设置电参数 ④ 电极丝的拆装及垂直度的校正 ⑤ 零件图的绘制 ⑥ 程序的编制（引入线引出线是否合理、电极丝补偿的正确运用、程序的存储与调入等）	20	每违反一条酌情扣 3 分。扣完为止		
3	件 1	30 mm	8	超差 0.02 mm 不得分		
		20 mm	8	超差 0.02 mm 不得分		
		15 mm	8	超差 0.02 mm 不得分		
		6 mm	10	超差 0.02 mm 不得分		
		$Ra \leq 1.6 \mu m$（12 处）	6	降级一处扣 0.5 分		
4	件 2	与件 1 双边配合间隙 0.05 mm	14	超差 0.01 mm 扣 3 分，超差 0.02 mm 扣 7 分，超差 0.03 mm 及以上不得分		
		$Ra \leq 1.6 \mu m$（12 处）	6	降级一处扣 0.5 分		

(续)

序号	工件编号 考核项目	考核内容及要求	配分	得分 评分标准	检测记录	得分
5	安全文明生产	① 着装规范、未受伤 ② 工、量具的使用及放置正确 ③ 卫生、设备保养到位 ④ 关机后机床停放位置合理	10	每违反一条酌情扣2~3分。扣完为止		
6	否定项	发生重大事故（人身和设备安全事故等），严重违反工艺原则和情节严重的野蛮操作，不服从考试安排等，由监考人员决定取消其实操考核资格				

2. 按照图 B-2 所示双燕尾组合零件的尺寸及技术要求，使用线切割加工设备加工件 1、件 2 双燕尾组合零件，并使两工件相互配合（考试时间：120 min）。其考核内容及评分标准，见表 B-2。

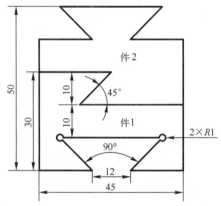

技术要求：
1. 件2尺寸按照件1尺寸配合切割，两工件的双边配合间隙为0.06mm。
2. 工件周边表面粗糙度为 $Ra \leqslant 1.6 \mu m$。

图 B-2 双燕尾组合零件

表 B-2 考核内容及评分标准

序号	工件编号 考核项目	考核内容及要求	配分	得分 评分标准	检测记录	得分
1	工艺分析	① 工件装夹合理 ② 起割点选择合理 ③ 加工顺序合理 ④ 关键工序正确	10	每违反一条酌情扣2~3分。扣完为止		
2	线切割机床规范操作	① 开机前的检查和开机顺序 ② 机床面板操作正确 ③ 合理设置电参数 ④ 电极丝的拆装及垂直度的校正 ⑤ 零件图的绘制 ⑥ 程序的编制（引入线引出线是否合理、电极丝补偿的正确运用、程序的存储与调入等）	20	每违反一条酌情扣3分。扣完为止		

(续)

序号	工件编号 考核项目	考核内容及要求	配分	得分 评分标准	检测记录	得分
3	件1	45 mm	6	超差 0.02 mm 不得分		
		30 mm	6	超差 0.02 mm 不得分		
		12 mm	6	超差 0.02 mm 不得分		
		10 mm	5	超差 0.02 mm 不得分		
		90°	6	超差 0.02° 不得分		
		45°	6	超差 0.02° 不得分		
		$Ra \leq 1.6 \mu m$（10处）	5	降级一处扣 0.5 分		
4	件2	与件1双边配合间隙 0.06 mm	15	超差 0.01 mm 扣 3 分，超差 0.02 mm 扣 7 分，超差 0.03 mm 及以上不得分		
		$Ra \leq 1.6 \mu m$（10处）	5	降级一处扣 0.5 分		
5	安全文明生产	① 着装规范、未受伤 ② 工、量具的使用及放置正确 ③ 卫生、设备保养到位 ④ 关机后机床停放位置合理	10	每违反一条酌情扣 2~3 分。扣完为止		
6	否定项	发生重大事故（人身和设备安全事故等），严重违反工艺原则和情节严重的野蛮操作，不服从考试安排等，由监考人员决定取消其实操考核资格				

3. 按照图 B-3 所示凸凹模零件的尺寸及技术要求，使用线切割加工设备加工凸凹模零件的内孔和外形（考试时间：120 min）。其考核内容及评分标准，见表 B-3。

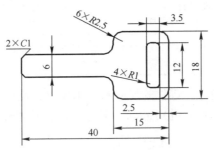

技术要求：工件周边表面粗糙度为 $Ra \leq 1.6 \mu m$。

图 B-3　凸凹模零件

表 B-3　考核内容及评分标准

序号	工件编号 考核项目	考核内容及要求	配分	得分 评分标准	检测记录	得分
1	工艺分析	① 工件装夹合理 ② 起割点选择合理 ③ 加工顺序合理 ④ 关键工序正确	10	每违反一条酌情扣 2~3 分。扣完为止		

(续)

序号	考核项目	考核内容及要求	配分	评分标准	检测记录	得分
2	线切割机床规范操作	① 开机前的检查和开机顺序 ② 机床面板操作正确 ③ 合理设置电参数 ④ 电极丝的拆装及垂直度的校正 ⑤ 零件图的绘制 ⑥ 程序的编制（引入线引出线是否合理、电极丝补偿的正确运用、程序的存储与调入等）	20	每违反一条酌情扣3分。扣完为止		
3	外形	40 mm	5	超差 0.02 mm 不得分		
		18 mm	5	超差 0.02 mm 不得分		
		15 mm	5	超差 0.02 mm 不得分		
		6 mm	5	超差 0.02 mm 不得分		
		$C1$ mm（2处）	5	超差 0.02 mm 不得分		
		$R2.5$ mm（6处）	3	超差 0.02 mm 不得分		
		$Ra \leq 1.6 \mu m$（16处）	8	降级一处扣 0.5 分		
4	内孔	12 mm	5	超差 0.02 mm 不得分		
		3.5 mm	5	超差 0.02 mm 不得分		
		$R1$ mm（4处）	2	超差 0.02 mm 不得分		
		$Ra \leq 1.6 \mu m$（8处）	4	降级一处扣 0.5 分		
5	几何公差	内孔与外形的几何公差	8	位置或形状错不得分		
6	安全文明生产	① 着装规范、未受伤 ② 工、量具的使用及放置正确 ③ 卫生、设备保养到位 ④ 关机后机床停放位置合理	10	每违反一条酌情扣2~3分。扣完为止		
7	否定项	发生重大事故（人身和设备安全事故等），严重违反工艺原则和情节严重的野蛮操作，不服从考试安排等，由监考人员决定取消其实操考核资格				

4. 按照图 B-4 所示凹模镶件零件的尺寸及技术要求，使用线切割加工设备加工凹模镶件零件的内孔和外形（考试时间：120 min）。其考核内容及评分标准，见表 B-4。

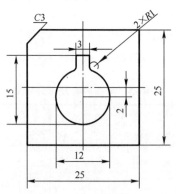

技术要求：工件周边表面粗糙度为 $Ra \leq 1.6 \mu m$。

图 B-4 凹模镶件零件

表 B-4 考核内容及评分标准

序号	考核项目	考核内容及要求	配分	评分标准	检测记录	得分
1	工艺分析	① 工件装夹合理 ② 起割点选择合理 ③ 加工顺序合理 ④ 关键工序正确	10	每违反一条酌情扣 2~3 分。扣完为止		
2	线切割机床规范操作	① 开机前的检查和开机顺序 ② 机床面板操作正确 ③ 合理设置电参数 ④ 电极丝的拆装及垂直度的校正 ⑤ 零件图的绘制 ⑥ 程序的编制（引入线引出线是否合理、电极丝补偿的正确运用、程序的存储与调入等）	20	每违反一条酌情扣 3 分。扣完为止		
3	外形	25 mm	8	超差 0.02 mm 不得分		
		25 mm	8	超差 0.02 mm 不得分		
		C3 mm	4	超差 0.02 mm 不得分		
		$Ra \leq 1.6\ \mu m$（5 处）	3	降级一处扣 0.5 分		
4	内孔	12 mm	8	超差 0.02 mm 不得分		
		15 mm	8	超差 0.02 mm 不得分		
		3 mm	8	超差 0.02 mm 不得分		
		$R1$ mm（2 处）	2	超差 0.02 mm 不得分		
		$Ra \leq 1.6\ \mu m$（6 处）	3	降级一处扣 0.5 分		
5	几何公差	内孔与外形的几何公差	8	位置或形状错不得分		
6	安全文明生产	① 着装规范、未受伤 ② 工、量具的使用及放置正确 ③ 卫生、设备保养到位 ④ 关机后机床停放位置合理	10	每违反一条酌情扣 2~3 分。扣完为止		
7	否定项	发生重大事故（人身和设备安全事故等），严重违反工艺原则和情节严重的野蛮操作，不服从考试安排等，由监考人员决定取消其实操考核资格				

5. 按照图 B-5 所示型腔镶件零件的尺寸及技术要求，使用电火花加工设备加工型腔镶件零件（考试时间：120 min）。其考核内容及评分标准，见表 B-5。

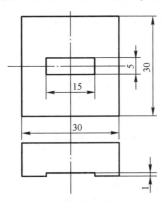

技术要求：工件周边表面粗糙度为 $Ra \leq 1.6\mu m$。

图 B-5 型腔镶件零件

表 B-5　考核内容及评分标准

序号	考核项目	考核内容及要求	配分	评分标准	检测记录	得分
1	工艺分析	① 工件、电极装夹合理 ② 电极及零点选择合理 ③ 加工顺序合理 ④ 关键工序正确	10	每违反一条酌情扣 2~3 分。扣完为止		
2	电火花机床规范操作	① 开机前的检查和开机顺序 ② 机床面板操作正确 ③ 合理设置电参数 ④ 电极的水平及垂直度的校正（使用百分表） ⑤ 工件的校正（使用百分表） ⑥ 程序的编制（电参数的选择、子程序的正确运用、程序的存储与调入等）	20	每违反一条酌情扣 3 分。扣完为止		
3	型腔尺寸	5 mm	10	超差 0.02 mm 不得分		
		15 mm	10	超差 0.02 mm 不得分		
		1 mm	10	超差 0.02 mm 不得分		
		$Ra \leqslant 1.6\,\mu m$（4 处）	10	降级一处扣 2.5 分		
4	几何公差	型腔与外形的几何公差	20	超差 0.02 mm 扣 5 分 超差 0.05 mm 不得分		
5	安全文明生产	① 着装规范、未受伤 ② 工、量具的使用及放置正确 ③ 卫生、设备保养到位 ④ 关机后机床停放位置合理	10	每违反一条酌情扣 2~3 分。扣完为止		
6	否定项	发生重大事故（人身和设备安全事故等），严重违反工艺原则和情节严重的野蛮操作，不服从考试安排等，由监考人员决定取消其实操考核资格				

6. 按照图 B-6 所示型腔镶件零件的尺寸及技术要求，使用电火花加工设备加工型腔镶件零件（考试时间：120 min）。其考核内容及评分标准，见表 B-6。

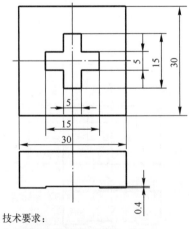

技术要求：
1. 工件周边表面粗糙度为 $Ra \leqslant 1.6\,\mu m$。
2. 此工件用同一矩形电极进行加工。

图 B-6　型腔镶件零件

表 B-6 考核内容及评分标准

序号	工件编号 考核项目	考核内容及要求	配分	评分标准	检测记录	得分
1	工艺分析	① 工件、电极装夹合理 ② 电极及零点选择合理 ③ 加工顺序合理 ④ 关键工序正确	10	每违反一条酌情扣2~3分。扣完为止		
2	电火花机床规范操作	① 开机前的检查和开机顺序 ② 机床面板操作正确 ③ 合理设置电参数 ④ 电极的水平及垂直度的校正（使用百分表） ⑤ 工件的校正（使用百分表） ⑥ 程序的编制（电参数的选择、子程序的正确运用、程序的存储与调入等）	20	每违反一条酌情扣3分。扣完为止		
3	型腔尺寸	5 mm（两处）	10	超差0.02 mm不得分		
		15 mm（两处）	10	超差0.02 mm不得分		
		0.4 mm	10	超差0.02 mm不得分		
		$Ra \leq 1.6 \mu m$（12处）	12	降级一处扣1分		
4	几何公差	型腔与外形的几何公差	18	超差0.02 mm扣5分 超差0.05 mm不得分		
5	安全文明生产	① 着装规范、未受伤 ② 工、量具的使用及放置正确 ③ 卫生、设备保养到位 ④ 关机后机床停放位置合理	10	每违反一条酌情扣2~3分。扣完为止		
6	否定项	发生重大事故（人身和设备安全事故等），严重违反工艺原则和情节严重的野蛮操作，不服从考试安排等，由监考人决定取消其实操考核资格				

附录 C 电切削工职业技能鉴定（中高级）理论知识样题参考答案

1. 判断题

(1)~(5)   (1)×   (2)√   (3)×   (4)√   (5)×
(6)~(10)   (6)×   (7)√   (8)√   (9)√   (10)×
(11)~(15)   (11)×   (12)×   (13)×   (14)×   (15)×
(16)~(20)   (16)√   (17)×   (18)×   (19)×   (20)√
(21)~(25)   (21)√   (22)√   (23)×   (24)×   (25)√
(26)~(30)   (26)×   (27)×   (28)√   (29)×   (30)√
(31)~(35)   (31)×   (32)√   (33)×   (34)×   (35)×
(36)~(40)   (36)×   (37)×   (38)×   (39)×   (40)√
(41)~(45)   (41)×   (42)×   (43)√   (44)√   (45)√
(46)~(50)   (46)√   (47)×   (48)√   (49)√   (50)×

2. 选择题

(1) C (2) C (3) D (4) C (5) D (6) A (7) B
(8) D (9) D (10) B (11) B (12) C (13) C (14) D
(15) ABC (16) A (17) B (18) A (19) D (20) C (21) D
(22) B (23) A (24) C (25) B (26) C (27) A (28) ABC
(29) B (30) AB (31) B (32) BCD (33) D (34) B (35) A
(36) A (37) AC (38) A (39) D (40) A (41) A (42) B
(43) C (44) AD (45) ABCD (46) AD (47) ABC (48) ACD (49) A
(50) AB

3. 简答题

(1) 电火花加工的物理本质是什么？

答：电火花线切割加工是用电极丝作为工具电极与工件之间产生火花放电对工件进行切割加工。火花放电的微观过程是电场力、磁力、热力、流体动力、电化学等综合作用的过程，这一过程大致可分为以下 4 个连续阶段：极间介质的电离、击穿、形成放电通道；介质热分解、电极材料熔化、汽化热膨胀；电极材料的抛出；极间介质的消电离。这一微观物理过程又称为电火花加工的物理本质。

(2) 电火花成形加工与电火花线切割加工有什么不同？

答：与电火花成形加工相比，电火花线切割加工的特点有。

① 不需要制造成形电极，工件材料的预加工量小。

② 能方便地加工出复杂形状的工件、小孔、窄缝等。

③ 脉冲电源的加工电流小，脉冲宽度较窄，属中、精加工范畴，一般采用正极性加工，即脉冲电源的正极接工件，负极接电极丝。

④ 由于电极丝是运动着的长金属丝，单位长度电极损耗较小，所以对切割面积不大工件，因电极损耗带来的误差较小。

⑤ 只对工件进行平面轮廓加工，故材料的蚀除量小，余料还可利用。

⑥ 工作液选用乳化液，而不是煤油，成本低又安全。

(3) 电火花线切割加工特点有哪些？其主要应用在哪些方面？

答：电火花线切割加工有以下特点。

① 它以直径为 0.03~0.35 mm 的金属线为工具电极，与电火花成形加工相比，它不需制造特定形状的电极，省去了成形电极的设计和制造，缩短了生产准备时间，加工周期短。

② 电火花线切割加工是用直径较小的电极丝作为工具电极，与电火花成形加工相比电火花线切割加工的脉冲宽度、平均电流等都比较小，加工工艺参数的范围也较小，属于中、精电火花加工，一般情况下工件常接电源的正极，称为正极性加工。

③ 电火花线切割加工的主要对象是平面形状，除了在加工零件的内侧形状拐角处有最小圆弧半径的限制外，其他任何复杂形状都可以加工。

④ 电火花线切割加工中总的材料蚀除量比较小，所以使用电火花线切割加工比较节省材料，特别在加工贵重材料时，能有效地节约贵重材料，提高材料的利用率。

⑤ 在加工过程中可以不考虑电极丝的损耗。

⑥ 电火花线切割在加工过程中的工作液一般为水基液或去离子水，因此不必担心发生火灾，可以实现安全无人加工。

⑦ 电极丝与工件之间存在着"疏松接触"式轻压放电现象。

⑧ 现在的电火花线切割机床一般都是依靠微型计算机来控制电极丝的轨迹和间隙补偿功能，所以在加工凸模与凹模时，它们的配合间隙可任意调节。

⑨ 电火花线切割加工是依靠电极丝与工件之间产生火花放电对工件进行加工，所以无论被加工工件的硬度如何，只要是导体或半导体的材料都能实现加工。

⑩ 现有的电火花线切割机床具有四轴联动功能，可以加工上、下面异形体，形状扭曲曲面体、变锥度和球形体等零件。

电火花线切割加工主要应用在这些方面：试制新产品、加工特殊材料、加工模具零件等。

(4) 电火花线切割加工的主要工艺指标有哪些？影响表面粗糙度的主要因素有哪些？

答：电火花线切割加工的主要工艺指标有切割速度、表面粗糙度、电极丝损耗量、加工精度等。

影响表面粗糙度的主要电参数有短路峰值电流、开路电压、脉冲宽度、脉冲间隔、放电波形、电源的极性以及进给速度等。

影响表面粗糙度的非电参数有电极丝、工件厚度及材料、工作液等。

(5) 电火花线切割加工常采用哪些措施来提高加工质量？

答：电火花线切割加工，常在以下几个方面采取措施来提高加工质量。

① 正确理解图样的各项技术要求，合理制定加工工艺路线，编程时要仔细，尽可能减少编程的错误。

② 工作液要及时更换，保持一定的清洁度，保证上、下喷嘴不阻塞，流量合适。

③ 电极丝校准精度要适合工件的加工要求，工件定位要合理，夹紧要可靠。

④ 合理调整脉冲电源的脉冲宽度、脉冲间隔、功率管个数及电压幅值等电参数，加工不稳定时及时调整变频进给速度。

⑤ 保证导丝机构必要的精度，经常检查导轮、导电块等的工作情况。导轮槽部的直径应小于电极丝的直径，支撑导轮的轴承间隙要进行严格控制，以免电极丝运转时破坏了稳定的直线性，使工件精度下降，放电间隙变大，导致加工不稳定。导电块应保持接触良好，磨损后要及时调整更换，不允许在钼丝和导电块间出现火花放电，应使脉冲能量全部送往工件与电极丝之间。

⑥ 控制器必须有较强的抗干扰能力。如果变频进给系统不稳定，必须对其进行必要的调整。步进电动机进给要平稳，进给过程中不能发生丢步现象。

⑦ 工件材料选择要正确。最好选择锻造的毛坯，材料要尽量使用热处理淬透性好、变形小的合金钢，如 Cr12 及 Cr12MoV 等。对毛坯的热处理要严格按工艺要求进行，最好进行两次回火。回火后的硬度在 58~60HRC 为宜。在电火花线切割加工前，必须将工件被加工区热处理后的残留物和氧化物清理干净。

总之，影响电火花线切割加工工件质量的因素很多，而且各种因素是相互影响的，概括起来有机床、材料、工艺参数、操作人员的素质及工艺路线等,若各方面的因素都能控制在最佳状态,就可以有效提高加工工件的质量。

(6) 电火花线切割加工对工件装夹有哪些要求?

答:电火花线切割加工中工件装夹的一般要求如下。

① 工件的定位面要有良好的精度,一般以磨削加工过的面定位为好,定位面加工后应保证清洁无毛刺,通常要对棱边进行倒钝处理、孔口进行倒角处理。

② 切入点的导电性能要好,对于热处理工件切入处及扩孔的台阶处都要进行去积盐及氧化皮处理。

③ 热处理工件要进行充分回火以便去除应力,经过平面磨削加工后的工件要进行充分退磁。

④ 工件装夹的位置应有利于工件找正,并应与机床的行程相适应,夹紧螺钉高度要合适,保证在加工的全程范围内工件、夹具与丝架不发生干涉。

⑤ 对工件的夹紧力要均匀,不得使工件变形和翘起。

⑥ 批量生产时,最好采用专用夹具,以利于提高生产率。夹具应具有必要的精度,并将其稳固地固定在工作台上,拧紧螺钉时用力要均匀。

⑦ 细小、精密、薄壁的工件应先固定在不易变形的辅助夹具上再进行装夹,否则将无法加工。

⑧ 加工精度要求较高时,工件装夹后,还必须用千分表找正。

(7) 快走丝线切割与慢走丝线切割哪个加工精度高?为什么?

答:慢走丝线切割加工精度高。

因为在慢走丝线切割加工中电极丝为单向运行,一次性使用,电极丝的损耗可以忽略不计;另外,电极丝运行速度低,振动小。而在快走丝线切割加工中,电极丝为往复供丝,反复使用,电极丝损耗较大;另外,电极丝运行速度快,振动比较大。

(8) 线切割加工电极丝的选择原则是什么?

答:现有的线切割机床分快走丝和慢走丝两类。快走丝机床的电极丝是快速往复运行的,电极丝在加工过程中反复使用。这类电极丝主要有钼丝、钨丝和钨钼丝(W20Mo、W50Mo)。常用的电极丝为钼丝,其直径在 0.1~0.25 mm 之间,在满足机床要求的情况下,当加工工件厚度较大时电极丝直径选择较大的,当需要切割较小的圆角或缝槽时选择较小直径的电极丝。钨丝耐腐蚀,抗拉强度高,但脆而不耐弯曲,且因价格昂贵,仅在特殊情况下使用。慢走丝线切割机床一般用黄铜丝作电极丝,电极丝作单向低速运行,用一次就弃掉,因此一般不用高强度的钼丝。

(9) 电火花线切割机床有哪些常用功能?

答:轨迹控制;加工控制,其中主要包括对伺服进给速度、电源装置、走丝机构、工作液系统以及其他的机床操作控制。此外,还有断电保护、安全控制及自诊断功能等也是比较重要的方面。其他的还有电极丝半径补偿功能,图形的缩放、对称、旋转和平移功能,锥度加工功能,自动找中心功能,信息显示功能等。

(10) 什么是极性效应?在电火花线切割加工中如何利用极性效应?

答:在线切割加工过程中,不管是正极还是负极,都会发生电蚀,但它们的电蚀程度不同，这种由于正、负极性不同而彼此电蚀量不一样的现象称为极性效应。

实践表明，在电火花加工中，当采用短脉冲加工时，正极的蚀除速度大于负极的蚀除速度；当采用长脉冲加工时，负极的蚀除速度大于正极的蚀除速度。由于线切割加工的脉冲宽度较窄，属于短脉冲加工，所以采用工件接电源的正极，电极丝接电源的负极，这种接法又称为正极性接法，反之称为负极性接法。电火花线切割采用正极性接法不仅有利于提高加工速度，而且有利于减少电极丝的损耗，从而有利于提高加工精度。

(11) 分析影响电火花线切割加工速度的因素。

答：影响电火花线切割加工速度的因素有电参数和非电参数。

其中主要的电参数有短路峰值电流、开路电压、脉冲宽度、脉冲间隔、电源的极性以及进给速度。在这些电参数中短路峰值电流、开路电压、脉冲宽度这3个参数值的增大都会使线切割加工速度增大。脉冲间隔减小时平均电流增大，切割速度加快，但一般情况下脉冲间隔不能太小，如果脉冲间隔太小，放电产物来不及排出，放电间隙来不及充分消电离，将使加工不稳定，容易发生电弧放电致使工件烧伤和断丝现象；脉冲间隔也不能太大，否则会使切割速度明显下降，严重时不能连续进给，使加工变得不稳定。进给速度的调节，对切割速度影响比较大。调节预置进给速度应紧密跟踪工件蚀除速度，以保持加工间隙恒定在最佳值上。当进给速度大或小时，都会使线切割加工速度变小。

非电参数有电极丝、工件厚度及材料、工作液等。电极丝的直径对切割速度的影响较大，若电极丝直径过小，则承受电流小，切缝也窄，不利于排屑和稳定加工，显然不可能获得理想的切割速度。因此，在一定范围内，电极丝的直径加大对切割速度是有利的，但是电极丝的直径超过一定程度，造成切缝过大，反而又影响了切割速度的提高，因此电极丝的直径又不宜过大。

切割速度开始随工件厚度的增加而增加，达到某一最大值（一般为50~100 mm）后开始下降，这是因为工件厚度过大时，排屑条件变差。工件材料不同，其熔点、汽化点、热导率等都不一样，因而切割速度也不同。工艺条件相同时，改变工作液的种类或浓度，对线切割加工速度都有较大影响。同时，工作液的脏污程度对线切割加工速度也有一定影响。

(12) 电火花线切割加工的微观过程包括哪几个阶段？在每个阶段有什么主要表现？

答：电火花线切割的微观过程包括4个连续阶段：极间介质的电离、击穿，形成放电通道；介质热分解、电极材料熔化、汽化热膨胀；电极材料的抛出；极间介质的消电离。

第1阶段中，在电场作用下电子高速向正极运动，并撞击工作液介质中的分子或中性原子，产生碰撞电离，形成带负电的粒子和带正电的粒子，导致带电粒子雪崩式增多，使介质击穿而电阻率迅速降低，形成放电通道。放电通道是由数量大体相等的带正电的正离子和带负电的电子以及中性粒子组成的等离子体。正、负带电粒子相向高速运动相互碰撞，产生大量的热，使通道温度相当高，中心温度可高达10000℃以上。

第2阶段中，当放电通道形成后，在通道内正极和负极表面分别成为瞬时热源，达到很高的温度。通道高温将工作液介质汽化，进而热裂分解汽化，如水基工作液热分解为氢气和氧气甚至原子等。正负极表面的高温除使工作液汽化、热分解汽化外，也使金属材料熔化甚至沸腾汽化。这些汽化后的工作液和金属蒸气，瞬间体积猛增，在放电间隙内成为气泡，迅速热膨胀，使电极和工件间冒出小气泡和黑色的液体，同时溅出闪亮的火花，并伴随清脆的噼啪声。

第 3 阶段中,通道和正负极表面放电点瞬时高温使工作液汽化和金属材料熔化、汽化,热膨胀产生很高的瞬时压力;通道中心的压力最高,使汽化了的气体体积不断向外膨胀,形成气泡;气泡上下、内外的瞬时压力并不相等,压力高处的熔融金属液体和蒸气就被排挤、抛出进入工作液中。

第 4 阶段中,随着脉冲电压的结束,脉冲电流也迅速降为零,标志着一次脉冲放电结束,此后仍应有一段间隔时间,使间隙介质消除电离,即放电通道中的正负带电粒子复合为中性粒子,恢复本次放电通道处间隙介质的绝缘强度,以及降低电极表面温度等,以免下次总是重复在同一处电离击穿而导致电弧放电,从而保证在别处按两极相对最近处或电阻率最小处形成下一放电通道。

参 考 文 献

[1] 宋昌才. 数控电火花加工培训教程 [M]. 北京：化学工业出版社，2008.
[2] 伍端阳. 数控电火花加工现场应用技术精讲 [M]. 北京：机械工业出版社，2009.
[3] 丛文龙，张祥兰. 数控特种加工技术 [M]. 2版. 北京：高等教育出版社，2013.
[4] 赵万生，刘晋春，等. 实用电加工技术 [M]. 北京：机械工业出版社，2002.
[5] 吕雪松. 数控电火花加工技术 [M]. 2版. 武汉：华中科技大学出版社，2013.
[6] 唐秀兰，王乐. 电加工实训教程 [M]. 北京：机械工业出版社，2014.
[7] 伍端阳. 数控电火花加工实用技术 [M]. 北京：机械工业出版社，2007.
[8] 杨宗强. 高速走丝电火花数控线切割机床维修技术 [M]. 北京：化学工业出版社，2007.
[9] 周旭光. 模具特种加工技术 [M]. 北京：人民邮电出版社，2010.